“十三五”普通高等教育本科部委级规划教材

服装工业制板 （第4版）

PATTERN DESIGN FOR THE APPAREL INDUSTRY
（4th EDITION）

潘波　赵欲晓　郭瑞良 ｜ 编著

U0241826

中国纺织出版社有限公司

国家一级出版社
全国百佳图书出版单位

内 容 提 要

本书系统地介绍了服装工业制板的基本原理及应用，涵盖手工制板、推板和计算机辅助制板、推板。具体内容包括服装工业制板基本概念、纸样绘制和生产符号、服装工业制板中净板的加放、国家服装号型标准、服装工业推板的原理和依据、部分男装和女装典型款式的工业制板、计算机在服装工业制板中的应用等。本书实践性强，书中采用了大量实例，图文并茂，方便读者阅读和参考。

本书适合高等院校服装专业师生阅读，也可供服装行业中从事技术工作的人员参考使用。

图书在版编目（CIP）数据

服装工业制板/潘波，赵欲晓，郭瑞良编著. --4 版. --
北京：中国纺织出版社有限公司，2020.1 (2024.3重印)
"十三五"普通高等教育本科部委级规划教材
ISBN 978-7-5180-6737-4

Ⅰ.①服… Ⅱ.①潘…②赵…③郭… Ⅲ.①服装量裁
—高等学校—教材 Ⅳ.①TS941.631

中国版本图书馆 CIP 数据核字（2019）第 217269 号

策划编辑：李春奕　　责任编辑：苗　苗　　责任校对：王蕙莹
责任设计：何　建　　责任印制：王艳丽

中国纺织出版社有限公司出版发行
地址：北京市朝阳区百子湾东里 A407 号楼　邮政编码：100124
销售电话：010—67004422　传真：010—87155801
http://www.c-textilep.com
中国纺织出版社天猫旗舰店
官方微博 http://weibo.com/2119887771
三河市宏盛印务有限公司印刷　各地新华书店经销
2000 年 6 月第 1 版　2010 年 6 月第 2 版
2016 年 5 月第 3 版　2020 年 1 月第 4 版
2024 年 3 月第 5 次印刷
开本：787×1092　1/16　印张：17
字数：307 千字　定价：49.80 元

第 4 版前言

作为普通高等教育"十一五"国家级规划教材的《服装工业制板》（第2版）和服装高等教育"十二五"部委级规划教材（本科）的《服装工业制板》（第3版），因其系统阐述服装工业制板的基本理论，科学指导实践过程，形成一套理论与实践相结合的知识体系，为服装相关专业的学生今后从事服装工业制板技术工作做好铺垫，起到学校与企业间的桥梁作用，同时也受到服装专业技术人员的肯定。

随着服装工业及信息技术的发展，一些工艺和技术也在不断创新并得到广泛应用，尤其是涉及行业标准的更新，让手段和方法更科学、规范。本次修订主要补充一些新标准的内容和测试方法；精练文字，使基础理论更充实，条理更清晰；对教材中同一章节的图形以同一比例显示，使读者更好地掌握纸样结构的整体性和完整性。

本教材在第4版的修订过程中，得到了专家、同事和企业从业人员的鼎力支持。正是有广大读者、专家和同行的关注，本教材才能不断完善和提高，逐步形成较为科学、系统化的服装工业制板知识体系。

服装工业在快速发展过程中出现的新特点和新趋势，一些具有代表性的服装款式由于时间关系，尚没有形成系统的知识点，将尽快完善，敬请理解。

编　者
2019 年 6 月

第 3 版前言

作为普通高等教育"十一五"国家级规划教材的《服装工业制板》（第 2 版）由于其基础理论扎实、理论与实践紧密结合以及对科研成果的综合应用，得到了广大读者的认可和欢迎，产生了良好的社会和经济效益。该教材在 2010 年 12 月被中国纺织服装教育学会评为"纺织服装教育'十一五'部委级优秀教材"，2011 年 12 月被北京市教育委员会评定为"北京市高等教育精品教材"，2012 年 9 月获"中国纺织工业联合会科学技术奖三等奖"。

随着服装国家标准的更新，服装工业新工艺、新技术的不断发展，新的研究成果运用于成衣加工，因此，有必要对该教材进行修订。本次修订主要做了以下工作：进一步完善基础理论，精炼文字叙述，使各章节的条理更加明晰；补充修订第二章的内容；对教材中所有图形利用 CorelDRAW 软件按同一比例重新绘制，加深读者对纸样结构的整体认识和印象；对服装 CAD 章节的内容重新编写，把市场中最具代表性、受业界欢迎的 CAD 系统介绍给读者，以便了解其功能。

在第 3 版的编写过程中，得到了各级领导、同行和企业从业人员的大力支持。参与编写的人员有多年从事教学和实践工作的赵欲晓、郭瑞良、常卫民老师，研究生韩雨同学在纸样绘制方面付出了很多心血，全书由潘波统稿。

正因广大读者、专家和同行的厚爱，本教材在继承和发扬现有优秀成果基础上，融入和汲取他人的先进理论和分析方法，逐步使服装工业制板形成更为科学、严谨的知识体系，让更多人分享其成果。在此，编著者特表谢意。

此外，由于服装工业的发展迅速，书中的知识不能一概带全，缺漏之处，敬请谅解。

编　者

2015 年 12 月

第 2 版前言

《服装工业制板》自出版以来，一直受到读者的厚爱，经常解答读者提出的服装工业制板中所涉及的问题。随着服装工业多品种、少批量、短周期、高质量的特点日趋明显，服装纸样设计的质量要求也在不断提高，这就促使作者更多地结合具体工作进一步提升书的内容，回馈社会。

根据教育部高等教育司对普通高等教育"十一五"国家级规划教材的编写要求，本书在《服装工业制板》第 1 版的基础上对一些较基本的知识点进行了调整，如删减了原第一章的第六节；调整了不具有代表性的款式，如对原第四章的第七节采用外贸插肩袖订单进行分析和论述；对有些已经淘汰的服装纸样结构进行了更改，如原第四章的第三节和第九节；对其中的一些不容易理解的内容，如图 3-14、图 4-66 等进行了补充说明；对书中所有的纸样图采用服装 CAD 进行绘制和修正，使得线条更加圆顺、流畅，推板的效果也更清断。但也存在遗憾的地方就是第二章，由于国家服装标准到现在还在沿用 GB/T 1335—1997 中的内容，而且其主要内容还是 GB 1335—1991 的，更何况随着人们生活条件的改善，人体体型已发生很大变化，人们对体型的研究已进一步深化，所以一直期盼有新的国家服装标准替换 20 年前的旧有知识。

第 2 版的编写得到了上级和北京服装学院领导的大力支持。参与编写的人员有多年从事教学和实践工作的赵欲晓、常卫民老师和从事服装 CAD 开发与培训工作近二十年的宋俊波同志，全书由潘波和赵欲晓统稿。在此，对长期使用该教材并提出宝贵意见和建议的专家和同行以及各级领导表示感谢。

书中内容更多地融合了服装工业订单的实际情况，但推板理论和技术在不断发展，如何使推板与人体更紧密地联系是我们正在研究的课题，这些研究成果将在不久的将来运用并指导生产，更希望此书在再版时有新的突破。

此外，书中的知识只是起到以点带面的作用，对其中存在的不足，敬请同行和读者批评指正。

编　者
2009 年 6 月

第 1 版前言

随着服装工业的发展，企业急需更多高素质的服装人才，这些人才不仅应具备扎实的基础理论知识，而且还应有一定的分析实际问题和解决问题的能力。培养和满足适应社会需求的人才，架好学校与社会之间的桥梁，《服装工业制板》一书正是基于这个目标，努力做到服装基础理论和生产实践的统一。

本书以服装工业纸样为纲，拓宽服装工业制板的概念，不仅使之区别于单裁单做，而且详细分析了服装工业制板的流程，还对涉及纸样的绘制符号和生产符号进行了归纳和总结，对在服装工业纸样中起指导作用的国家服装标准作了详细的阐述和分析，对涉及服装工业制板中的重要环节——推板作了理论上的铺垫。

全书选取一些有代表性的服装款式，在绘制的同时，尤其对其推板进行一定深度的分析；选用的这些款式不仅有各自的特点，而且有承上启下的作用。通过每种款式在实践中的合理运用，了解其技巧，进而对推板在服装工业制板中所起的作用有更深刻的了解，熟练和灵活掌握其精髓。

由于服装的款式很多，本书中所有的例子旨在举一反三，通过理论学习和实例的分析，达到学以致用的目的。

因服装基础理论还在不断地提高和完善，所以服装工业纸样的实际操作在不违背服装和人体之间结构关系的前提下，结合款式和客户的具体要求，尽可能采用合理的公式、数据，多次地实践、运用、总结出绘制纸样的规律。

在本书的编写过程中，承蒙北京服装学院院系领导和广大同事的大力支持，得以有精力专心耕耘。本书还有幸得到了周邦桢老师的悉心指导，甚表感谢。

目前，推板还有许多争论和探讨的地方，希望本书中的一些观点能起到抛砖引玉的作用，恳请广大师生和读者不吝赐教。

编　者
2000 年 6 月

教学内容及课时安排

章/课时	课程性质	节	课程内容
第一章 （3 课时）	基础理论		· 服装工业制板概述
		一	服装工业制板基本概念
		二	绘制服装纸样的符号和标准
		三	服装工业制板中净板的加放
		四	服装工业制板与面料性能
第二章 （3 课时）			· 服装号型国家标准
		一	服装号型标准概况
		二	号型的内容
第三章 （10 课时）	基础理论及基础应用		· 服装工业推板
		一	服装工业推板的方法与原理
		二	服装工业推板的依据
		三	女装原型的绘制与推板
第四章 （56 课时）	典型款式分析及实践应用		· 典型款式的工业制板
		一	西服裙
		二	塔裙
		三	男西裤
		四	牛仔裤
		五	男衬衫
		六	分割线夹克
		七	插肩袖夹克
		八	女西装
		九	男西服
第五章 （8 课时）	基础理论及应用提高		· 计算机在服装工业制板中的应用
		一	服装 CAD 概述
		二	计算机辅助纸样设计
		三	计算机辅助推板

注 各院校可根据本校的教学特色和教学计划对课程时数进行调整。

目录

基础理论

基础理论及基础应用

典型款式分析及实践应用

基础理论及应用提高

基础理论——

服装工业制板概述

课题内容： 1. 服装工业制板基本概念
2. 绘制服装纸样的符号和标准
3. 服装工业制板中净板的加放
4. 服装工业制板与面料性能

上课时数： 3课时

教学提示： 阐述服装工业制板在成衣加工中所起的作用、目的和意义。分析了服装工业制板的流程和绘制纸样的一些基本要求，阐述了服装工业制板的主要影响因素。

教学要求： 1. 了解服装工业制板在服装生产过程中的重要作用。
2. 了解服装工业制板与单裁单做的区别，建立综合思考和分析问题的意识。
3. 了解服装工业制板的流程。
4. 了解绘制纸样的方法和要求。
5. 了解服装面料在服装工业制板中产生的作用和影响。

课前准备： 以学生在相关课程中所学的知识点作为示例，深入成衣企业，使学生了解成衣生产的实际情况。

第一章　服装工业制板概述

成衣化工业（Ready-to-wear Industry）产生于19世纪初，是随着欧洲近代工业的兴起而发展起来的。其中有三个方面的因素驱使着它的发展：一是由于当时社会经济的发展，人们的文化修养及物质生活水平的提高，对服装款式和品种的需求越来越多，对服装质量的要求越来越高，从而导致对服装设计的水平和缝制加工工艺提出新的要求，因此专门从事服装设计和加工成衣的行业开始出现。二是近代工业兴起带动服装缝制工具的发展，英国人发明了第一台手摇链式缝纫机，随之具有实用价值的各种缝纫设备也相继问世，服装制作由单纯的手工操作过渡到机械操作。三是由于纺织机械的发展促进旧工艺的改进和新工艺的产生，服装面料、辅料等新型材料的品种日益增多，为成衣化工业生产提供了物质保证。

服装成衣生产方式逐步由手工个体形式或手工作坊的生产方式发展为工业化生产方式，已成为具有一定现代化生产规模的劳动密集型生产体系。随着经济及高科技电子技术的快速发展，服装工业必然彻底摆脱旧有的生产方式，而与现代化工艺技术和设备接轨；另外，随着新技术、新材料的不断发展和市场竞争日趋激烈，成衣工业在如何适应现代社会需求的高效率、高品质方面，又面临着新的课题。

虽然成衣化工业生产已成为现代服装生产的主要方式，它的工艺加工方法也日趋成熟和完善，但它的重要环节——工业纸样，仍是实现这一方式的先决条件。

第一节　服装工业制板基本概念

服装工业的规模随着新技术、新工艺、新设备、新材料的发展呈现出扩大的趋势，生产效率也随之不断提高。这些都必须有强大的技术力量作为后盾，而技术力量的主导就是正确、合理的服装工业纸样。服装工业制板的目的是使成衣加工企业有计划、有步骤、保质保量地进行生产。具体地说，服装工业制板中提供的纸样（Pattern）须满足服装款式、面辅料、规格尺寸和制作工艺的一整套利于裁剪、缝制、后整理等环节的要求。

服装款式要求是指客户提供的样衣或经过修改的样衣，或款式图式样的要求。

面辅料要求是指其性能的要求，如面料的缩水率、热缩率、倒顺毛、对格、对条等。

规格尺寸要求是指根据服装号型系列而制定的尺寸或客户提供的生产该款服装的尺寸，它包括关键部位的尺寸和小部件尺寸等。

制作工艺要求是指对熨烫、缝制和后整理的加工技术要求，如在缝制过程中，缝口是采用双包边线迹还是采用包缝（锁边）线迹等不同的工艺。

服装工业制板为成衣加工企业生产的顺利进行创造了条件，是服装工业制订技术标准的依据，是裁剪、缝制和部分后整理的技术保证，是生产、质检等部门进行生产管理、质量控制的重要技术依据。

一、服装工业制板与单裁单做的区别

（一）服装工业制板与单裁单做研究对象不同

服装企业中定制部门、高定工作坊或个体服装加工店，是针对单独个体进行研究、分析、裁剪、缝制、试穿等环节，此种情况属于单裁单做的范畴，它研究人体对服装的直接影响，即单裁单做的服装能满足人体的造型要求，对象是单独的个体。

而服装工业纸样研究的对象是大众化的人群，具有普遍性的特点。如当人们去商场购买服装时，只有服装的款式、服装面料、加工工艺和规格尺寸都满足购买者的需求时，才会有购买的动机。从某种意义上讲，是根据人们的需求制定规格尺寸和设计服装款式。

（二）服装工业制板与单裁单做相对数量不同

单裁单做采用的方式是由制板人绘制出纸样后，经裁剪、假缝、修正，最后缝制出成品；而一些个体裁剪则省略了制板的过程，直接在布料上画样，其他工序则一样。以上过程基本上由一人或几人完成，有些细节，如小部件的裁剪，则根据具体情况分别处理，所绘制的纸样或裁剪的衣片数量不一定完整。

而成衣化工业生产是由许多部门协作完成的，这就要求服装工业制板详细、准确、规范，需要相互间的默契配合。如在成衣工业化生产中，缝制一条标准的牛仔裤（通常又称为 501 裤）需要的裁剪纸样有前片、前袋垫、表袋、前大袋片、前小袋片、门襟、里襟、后片、后育克（后翘）、后贴袋、腰头和裤襻（串带）共 12 片，缺一不可，否则，裁剪车间就不能顺利进行划样、排料和裁剪。而缝制车间如没有合适的工艺纸样，缝制过程就不能正常进行，无法保证产品质量。

（三）服装工业制板与单裁单做品质不同

从严格意义上说，采用单裁单做在服装品质上比成衣工业化生产要好。另一方面，由于服装工业纸样严格按照规格标准、工艺要求进行设计和制作，裁剪纸样上必须标有纸样绘制符号和纸样生产符号，有些还要在工艺单中详细说明，工艺纸样上有时标记胸袋和扣眼等的位置，这些都要求裁剪和缝制车间完全按照纸样进行生产，只有这样才能保证同一尺寸的服装规格统一。而单裁单做由于是独立操作，则没有这些标准化、规范化的要求。

二、服装工业制板的流程

从狭义上说，服装工业制板或工业纸样是先依据规格尺寸绘制基本的中间规格标准纸样，然后以此为基础，按一定规则放缩并推导出其他规格的纸样。按照成衣工业生产的模式，服装生产企业进行工业制板的方式和流程需依据以下三种情况而定：一是客户提供样品和订单；二是客户只提供订单和款式图而没有样品；三是只有样品没有其他任何参考资料。另外，把设计师提供的服装设计效果图、正面和背面结构图以及该款服装的补充资料经过处理和归纳后进行制板，也认定为流程中的第二种情况。下面分别详细说明。

（一）既有样品（Sample）又有订单（Order）

既有样品又有订单是大多数服装生产企业，尤其是外贸加工企业经常遇到的，由于它比较规范，所以采购部门、销售部门、技术部门、生产部门以及质量检验部门都乐于接受。对此，绘制工业纸样的技术部门必须按照以下流程去实施。

1. 分析订单

分析订单，包括面料分析：缩水率、热缩率、倒顺毛、对格对条等；规格尺寸分析：具体测量的部位和方法，小部件的尺寸确定等；工艺分析：裁剪工艺、缝制工艺、整烫工艺、锁眼钉扣工艺等；款式图分析：在订单上有该服装的结构图，通过分析大致了解服装的构成；包装装箱分析：单色单码（一箱中的服装不仅是同一种颜色而且是同一种规格装箱）、单色混码（同一颜色不同规格装箱）、混色混码（不同颜色不同规格装箱），平面包装、立体包装等。

2. 分析样品

从样品中了解服装的结构、制作的工艺、分割线的位置、小部件的组合，测量尺寸的大小和方法等。

3. 确定中间规格

针对中间规格进行各部位尺寸分析，了解它们之间的相互关系，有的尺寸还要细分，从中发现规律。

4. 确定制板方案

根据款式的特点和订单要求，确定是采用比例法还是采用原型法，或采用其他的制板方法等。

5. 绘制中间规格的纸样

绘制中间规格的纸样有时又称为封样纸样，客户或设计人员要对按照这份纸样缝制的服装进行检验并提出修改意见，确保在投产前产品合格。

6. 封样品的裁剪、缝制和后整理

封样品的裁剪、缝制和后整理过程要严格按照纸样的大小、纸样的说明和工艺要求进行操作。

7. 依据封样意见共同分析和会诊

依据封样意见共同分析和会诊，从中找出产生问题的原因，进而修改中间规格的纸样，最后确定投产用的中间规格纸样。具体可参见"附录 B 关于某牛仔裤封样品的确认意见"。

8. 推板

利用中间规格纸样根据一定规则推导出其他规格的服装工业用纸样。

9. 检查全套纸样是否齐全

在裁剪车间，一个品种的批量裁剪铺料少则几十层、多则上百层，而且面料可能还存在色差。如果缺少某些裁片纸样就开裁面料，会造成裁剪结束后，再找同样颜色的面料来补裁则比较困难（因为同色而不同匹的面料往往有色差），既浪费了人力、物力，效果也不好。

10. 制订工艺说明书和绘制一定比例的排料图

服装工艺说明书是缝制应遵循和注意的必备资料，是保证生产顺利进行的必要条件，也是质量检验的标准；而排料图是裁剪车间划样、排料的技术依据，它可以控制面料的耗量，对节约面料、降低成本起着积极的指导作用。

以上十个步骤概括了服装工业制板的全过程，这仅是广义上服装工业制板的含义，只有不断地实践，丰富知识，积累经验，才能真正掌握其内涵。

（二）只有订单和款式图或只有服装效果图和结构图但没有样品

这种情况增加了服装工业制板的难度，一般常见于比较简单的典型款式，如衬衫、裙子、裤子等。要绘制出合格的纸样，不但需要积累大量类似服装的款式和结构组成的资料，而且还应有丰富的制板经验，其主要流程如下。

1. 详细分析订单

详细分析订单包括分析订单上的简单工艺说明、面料的使用及特性、各部位的测量方法及尺寸大小、尺寸之间的相互关系等。

2. 详细分析订单上的款式图或示意图（Sketch）

从示意图上了解服装款式的大致结构，结合以前遇到的类似款式进行比较，对于一些不合理的结构，按照常规在绘制纸样时作适当的调整和修改。

其余各步骤基本与第一种方式自流程 3（含流程 3）以下一致。只是对步骤 7 要做更深入的了解，不明之处，多向客户咨询，不断修改，最终达成共识。总之，绝对不能在有疑问的情况下就匆忙投产。

（三）仅有样品而无其他任何资料

仅有样品而无其他任何资料多发生在内销的产品中。由于目前服装市场的特点为多品种、小批量、短周期、高风险，于是有少数小型服装企业采取不正当的生产经营方式。一些款式新、销售比较看好的服装刚一上市，这些经营者就立即购买一件该款服装，作为样品进行仿制，在很短时间后就投放市场，而且销售价格大大低于正品的服装。对于这种不正当竞争行为，虽不提倡，但还是要了解其特点，其主要流程如下。

1. 详细分析样品的结构

分析样品分割线的位置、小部件的组成、各种里料和衬料的分布、衣袖和衣领与前后片的配合、锁眼及扣位等；关键部位的尺寸测量和分析、各小部件位置的确定和尺寸分析；各缝口的工艺加工方法分析；熨烫及包装的方法分析等。最后，制订合理的订单。

2. 面料分析

面料分析是指分析衣身面料的成分、花型、组织结构等；分析各部位用衬（Interfacing）的规格；根据衣身面料和穿着季节选用合适的里料（Lining），针对特殊的要求（如透明的面料）需加与之匹配的衬里（Underlining），有些保暖服装（如滑雪服、户外服）需衬有保暖的内衬（Interlining）等材料。

3. 辅料分析

辅料分析包括分析拉链的规格和所用位置；扣子、铆钉、吊牌等的合理选用；根据弹性、宽窄、长短选择橡筋并分析其使用的部位；确定缝纫线的规格等。

其余各步骤与第一种方式自流程3（含流程3）以下一样，然后进行裁剪、仿制（俗称"扒板"）。对于比较宽松的服装，容易做到与样品一致；对于合体的服装，可以通过多次修改纸样，试制样衣，几次反复也能够做到与样品一致；而对于使用特殊裁剪方法（如立体裁剪法）缝制的服装，要做到与样品完全一致，一般的裁剪方法很难实现。

三、服装工业纸样的分类

服装工业纸样在整个生产过程中都要使用，只是使用的纸样种类不同，服装工业纸样的分类如图1-1所示。

图1-1 服装工业纸样分类

一套规格从小到大的系列化服装工业纸样，应在保证款式结构的原则下，结合面料特性、裁剪、缝制、整烫等工艺条件，做到既科学又标准。从图1-1中可知，服装工业纸样主要分成裁剪纸样和工艺纸样。

（一）裁剪纸样

成衣生产中裁剪用的纸样主要是确保批量生产中同一规格的裁片大小一致，使得该规格所有的服装在整理结束后各部位的尺寸与规格表上的尺寸相同（允许有符合标准的公差），相互之间的款型一样。

1. 面料纸样

面料纸样通常是指衣身纸样，多数情况下有前片（含分割各片）、后片（含分割各片）、袖子（含分割各片）、领子（含分割各片）、挂面（含分割各片）和其他小部件纸样，如袖头、袋盖、袋垫布等。这些纸样要求结构准确，纸样上标识正确清晰，如布纹方向、倒顺毛方向等。面料纸样一般是加有缝份或折边等的毛缝纸样。

2. 衬里纸样

衬里纸样一般与面料纸样一样大，多用于婚纱类的服装，在车缝或敷衬前，把它直接放在面料下面，用于遮住有网眼的面料，以防透过薄面料而看见服装内部的结构，如省道和缝份。通常面料与衬里一起缝合，薄的里料最适合用作衬里，衬里纸样为毛缝纸样。

3. 里料纸样

里料纸样很少有分割的，一般有前片、后片、衣袖和片数不多的小部件，如里袋布等。里料的缝份比面料纸样的缝份大 0.5~1.5cm，在有折边的部位（底边和袖口等），里料的长短比衣身纸样少一个折边宽。因此，就某片里料纸样而言，多数部位边是毛缝，少数部位边是净缝。如果里料上还缝有内衬，这时的里料纸样比没有内衬的里料纸样要大一些。

4. 衬布纸样

衬布分织造或非织造、可缝或可粘等材料。应根据不同的面料、不同的使用部位、不同的作用效果而有选择地使用衬布。衬布纸样有时使用毛缝，有时使用净缝。

5. 内衬纸样

内衬是介于面料与里料之间，主要起到保暖的作用。毛织物、絮料、摇粒绒及类似 Gore-tex 面料（具有防水、透气和防风功能）等常用作内衬，由于它通常绗缝在里料上，所以，内衬纸样比里料纸样稍大一些，前片内衬纸样由前片里料和挂面两部分组成。

6. 辅助纸样

辅助纸样比较少，只是起到辅助裁剪的作用，如在夹克中经常要使用橡筋，由于它的宽度已定，净长度则需要计算，因此根据计算的长度绘制毛缝纸样作为橡筋的长度即可。辅助纸样多数使用毛缝。

（二）工艺纸样

工艺纸样主要用于缝制加工过程和后整理环节中。通过它可以使服装加工顺利进行，保证产品规格的一致，提高产品质量。

1. 修正纸样

修正纸样主要用于校正裁片。如在缝制西服之前，裁片经过高温加压粘衬后，会发生热缩等变形现象，导致左、右两片的不对称，这时，就需要用标准的纸样修剪裁片。修正纸样的形状与裁剪纸样保持一致。

2. 定位纸样

定位纸样有净缝纸样和毛缝纸样之分，主要用于半成品中某些部件的定位，如衬衫上胸袋和扣眼等的位置确定。在多数情况下，定位纸样和修正纸样两者合用；而锁眼钉扣是在后整理中进行的，所以扣眼定位纸样只能使用净缝纸样。

3. 定型纸样

定型纸样只用在缝制加工过程中，用于保持款式某些部位的形状，如牛仔裤的月牙袋、西服的前止口、衬衫的领子和胸袋等。定型纸样使用净缝纸样，可使缝制准确，避免误差。定型纸样的质地应选择较硬而又耐磨的材料制作。

4. 辅助纸样

工艺纸样中的辅助纸样与裁剪纸样中的辅助纸样有很大的不同，工艺纸样中的辅助纸样只在缝制和整烫过程中起到辅助作用，如在轻薄的面料上缝制暗裥后，为了防止熨烫时正面产生褶皱，在裥的下面衬上窄条，这个窄条就是起辅助作用的纸样。有时在缝制裤口时，为了保证两只裤口大小一样，采用一条标准裤口尺寸的纸样作为校正，这也是辅助纸样。

四、服装工业制板的方法

服装工业制板的方法归纳起来有两大类：平面构成法和立体构成法。在服装工业制板中通常使用平面构成法，而平面构成法又有多种结构制图或裁剪方法，大致又可分成原型法和比例法。传统的制板工作是由人工来操作完成的，但随着服装 CAD 技术的成熟和普及，计算机辅助纸样设计已被广泛应用。因此，可以把工业制板分成人工制板法和计算机制板法。

（一）人工制板法

人工制板法使用的工具是一些简单的、直观的常用工具和专用工具，采用的方法有比例法和原型法。比例法以成品尺寸为基数，对衣片内在结构的各部位进行直接分配，如衣片的领深和领宽就直接使用领围的成衣尺寸进行计算。此法方便快捷，有一定的科学计算依据，对于一些常规的、典型的、宽松的服装尤为适合。但随着人们物质水平和审美能力的提高，对服装的合体程度要求也越来越高，生产中采用的工艺越来越新颖，服装款式的变化也越来越多，使得很多人以原型作为基样，按照款式要求，通过加放或缩减制得所需要的纸样，这种方法常被人称作原型法。它有一整套转省的理论，对于人体与服装之间的关系研究更深入，所以，此法在工业制板中常被采用。至于在单裁单做中使用较多的立体裁剪法，因纸样的构成和工业化生产的限制而较少采用。

（二）计算机制板法

计算机制板法是直接依靠服装 CAD 系统中纸样设计模块界面上提供的各种模拟工具在绘图区制出需要纸样的方法。由于是模仿人工制板法，所以，也采用比例法和原型法，业内人士称这种制板法为人机交互式制板法。至于自动制板的方法目前还不成熟，有待更深入地研究和开发。

第二节　绘制服装纸样的符号和标准

制图符号是在进行服装纸样绘图时，为使纸样统一、规范、标准，便于识别及防止差错而制定的标记。它不完全等同于单裁单做中的纸样符号，而是在一定批量的服装工业生产中要求准确应用的标记。另外，从成衣国际标准化的要求出发，纸样符号也应标准化、系列化和规范化。这些符号不仅仅只用于绘制纸样，许多符号还在裁剪、缝制、后整理和质量检验过程中应用，针对这两种情况，把它们分成纸样绘制符号和纸样生产符号。

一、纸样绘制符号

在把服装结构图绘制成纸样时，若仅用文字说明则缺乏准确性和规范化，也不符合简化和快速理解的要求，甚至会造成理解错误，这时，就需要用一种能代替文字的手段，使之既直观又便捷。

下面介绍纸样绘制中经常使用的一些符号，如表 1-1 所示。

表 1-1　纸样绘制符号

序号	名　称	符　号	说　明
1	基础线	———	指各部位制图的辅助线，用细实线表示，线的宽度是粗实线宽度的一半
2	轮廓线	━━━	又称裁剪线，用粗实线表示，通常指纸样的制成线，按照此线裁剪，线的宽度为 0.5~1mm
3	折边线	══	用两条平行的实线表示，一条是粗实线，另一条是细实线，用于裁片的折边部位，如裤口的折边
4	贴边线	—·—·—	用单点划线表示，线条宽度与粗实线相同，如男衬衫左门襟上贴边的里边线
5	净缝线	-------	用长虚线表示，线条宽度是粗实线的一半

续表

序号	名 称	符 号	说 明
6	等分线		用于将某部位划分成若干相等的距离，虚线宽度与细实线相同，如背宽平均分成两份，再画背省
7	尺寸线		表示纸样某部位从起点至终点的直线距离，箭头应指到部位净缝线处
8	缝份线		用两条平行线表示，一条是粗实线，另一条是长虚线，是轮廓线和净缝线的组合
9	直角符号		制图中经常使用，一般在两线相交的部位，两线相交成90°直角
10	重叠符号		表示相邻裁片交叉重叠部位的标记，如斜裙前、后片在侧缝处的重叠
11	完整符号		当基本纸样的结构线因款式要求，需将一部分纸样与另一纸样合二为一时，就要使用完整符号，如男衬衫的过肩，其中的肩缝线应去掉
12	相同符号	○ ● □ ■ ◎	表示相邻裁片的尺寸大小相同，可选用图中所示的各种标记或增设其他标记
13	省略符号		省略裁片某部位的标记，常用于表示长度较长而结构图中无法画出的部件
14	橡筋符号		也称罗纹符号、松紧带符号，是服装下摆或袖口等部位缝制橡筋或罗纹的标记
15	切割展开符号		表示该部位需要进行分割并展开

除上述纸样绘制符号以外，还有一些不常用的绘制符号以及某些裁剪书上一些自定的符号，在此不作推荐。

二、纸样生产符号

纸样生产符号主要是在国际和国内服装业中通用的，指导标准化生产的权威性符号。了解这些符号的含义，有助于纸样设计或制板人员在服装结构造型、面料特性和生产加工等方面便利地工作。

下面介绍纸样生产中经常使用的一些符号，如表1-2所示。

表 1-2　纸样生产符号

序号	名　称	符　号	说　明
1	布纹符号	←——→	又称经向符号，表示服装材料经纱方向的标记，布纹符号中的直线段在裁剪时应与经纱方向平行，在成衣化工业排料中，根据款式要求，可稍作调整，但若偏移过大，则会影响产品的质量
2	对折符号	▽——▽	表示裁片在该部位不可裁开的符号，如男衬衫过肩后中线
3	顺向符号	——→	表示服装材料（如裘皮、丝绒、条绒等）表面毛绒顺向的标记，箭头方向应与毛绒顺向一致，通常裁剪时采用倒毛的形式
4	对条符号	╪	表示相关裁片的条纹应一致的标记，符号的纵横线与布纹对应，如采用有条纹的面料制作西服，大袋盖上的条纹必须和衣身上的条纹对齐
5	对花符号	⋈	表示相关裁片中图案或花型等相对应的标记，如在前片纸样中有对花符号，则在裁剪时，左、右两片的花型必须对称
6	对格符号	╫	表示相关裁片格纹应一致的标记，符号的纵横线对应于布纹
7	拼接符号	⊀	表示相邻裁片需拼接的标记和拼接位置，如两片袖的大、小袖片的缝合
8	省符号 枣核省 丁字省 宝塔省		省的使用往往是为了得到合体的效果，省的余缺指向人的凹点，省尖指向人的凸点，一般用粗实线表示，裁片内部的省用细实线表示；省常见有以下几种：腰省（Waist Darts）、胸省（Bust Darts）、法式省（French Darts）、肘省（Elbow Darts）、半活省（Dart Tucks）和长腰省（Contour Darts） 省按形状不同可分为三大类：枣核省、丁字省和宝塔省
9	褶裥符号 褶 暗裥 明裥		褶比省在功能和形式上更灵活多样，因此，褶更富有表现力。褶一般有以下几种：活褶（Dart Tucks）、细褶（Pin Tucks）、十字缝褶（Cross Tucks）、荷叶边褶（Shell Tucks）和暗褶（Blind Tucks），是通过部分折叠并车缝成褶 当把褶从上到下全部车缝起来或全部熨烫出褶痕，就成为常说的裥，常见的裥有：顺裥（Knife Pleats）、相向裥（Box Pleats）、暗裥（Inverted Pleats）和倒裥（Kick Pleat），裥是褶的延伸，所以，其纸样生产符号可以共用 在褶的符号中，褶的倒向总是以毛缝线为基准，以该线上的点为基准点，沿斜线折叠，该符号表示服装正面褶的形状
10	缩缝符号	∿∿∿	表示裁片某部位需用缝线抽缩的标记，如西服袖子在缝合到袖窿处之前，需采用这种方法

续表

序号	名　称	符　号	说　明
11	归缩符号	⌢⌢⌢	又称归拢符号，表示裁片某部位熨烫归缩的标记，张口方向表示裁片收缩方向，圆弧线条根据归缩程度可画2~3条
12	拔伸符号	⌒⌒	又称拉伸符号或拔开符号，与归缩符号的作用相反，表示裁片某部位熨烫拉伸的标记，如男西服前片肩部就采用该方法
13	剪口符号	▼▼ ▦ ◈	又称对位符号，用于各衣片之间的对位，对提高服装的品质起着很重要的作用，如西服中前身袖窿处的剪口与大袖上的剪口在缝制时必须对合
14	纽扣及扣眼符号	⊗ ⊢─┤	在服装上缝钉扣子或锁眼位置的标记
15	明线符号	────────	表示服装某部位表面车缝明线的标记，主要在服装结构图和净纸样中使用，多见于牛仔服装中
16	拉链符号	├┴┴┴┴┤	表示在该部位需缝装拉链的标记

当然，纸样生产符号还有其他的标准符号，由于不经常使用，在此略去。

以上所有的纸样绘制符号和生产符号使用普遍，掌握它们的特点并在实践中正确运用，才能保证制图过程的规范和纸样的标准。

第三节　服装工业制板中净板的加放

在成衣生产中，要依据面料的性能、加工工艺来设计净板的加放方式。常见的几种加放方式有缝份、折边和加缝。缝份就是通常所说的做缝或缝头，在净纸样的直线边缘和较长的弧线外加放缝份比较容易，而在边角处，尤其是分缝熨烫的缝口，要注意缝口的构成，保证加放正确。图1-2所示为四开身女西服后片的一部分，其中②处黑角部位，在分缝整烫后能使缝份边缘与袖窿缝份对合。折边是服装边缘部位如底边、门襟、裤口、开衩等的加放，注意折边两端应与翻折后的部位对齐重叠，图1-3所示为衬衫前片的一部分，其中①处的黑角可保证折边上缘与领窝对合；图1-4所示为短裤前片的部分，裤口的折边处不能缺少①处的黑角，否则，缲三角针时会造成裤口的不平伏。加缝（又称放头）多用于高档服装中，尤其在单裁单做的服装中，除必要的缝份外，再加放些余量以备加长、加肥或修正时使用，常需加缝的部位有后中缝、侧缝、肩缝、袖缝、前后裆缝等，图1-2中女西服的后中缝①处就是加缝的一种。

图 1-2　四开身女西服　　　　　图 1-3　衬衫　　　　　图 1-4　短裤

　　常见缝型净纸样的加放如表 1-3 所示，表中的缝型是指一定数量的衣片和线迹在缝制过程中的配置形式。

表 1-3　常见缝型净纸样的加放　　　　　　　　　单位：cm

缝型名称	缝型构成示意图	说　　明	参考加放量
合　缝		单线切边，分缝熨烫 三线包缝 四线包缝 五线包缝	1~1.3
双包边		多见于双针双链缝，理论上，上层的缝份比下层的缝份小一半	1~2
折边（缲边）		多使用锁缝线迹或手针线迹，分毛边和光边	2~5
来去缝		多用于轻薄型或易脱散的面料，线迹类型为锁缝	1~1.2
绲　边		分实绲边和虚绲边，常用链缝和锁缝线迹	1~2.5
双针绷缝		多用于针织面料的拼接	0.5~0.8

注　表中的参考加放量根据实际工艺要求可作适当调整。

第四节　服装工业制板与面料性能

在成衣生产过程中，服装加工用的工业纸样基本上是使用纸板来制作系列纸样，但纸板与面料、里料、衬料、内衬和其他辅料在性能上有很大的不同，其中，最重要的一个因素是缩量。不同服装的面料，其缩量的差异很大，对成品规格将产生重大影响，而且制板用的纸板本身也存在自然潮湿和风干缩量问题，因此，在绘制裁剪纸样和工艺纸样时必须考虑缩量，通常的缩量是指缩水率和热缩率。

一、缩水率

织物的缩水率主要取决于纤维特性、织物组织结构、织物厚度、织物后整理和缩水方法等。通常，经纱方向的缩水率比纬纱方向的缩水率大。

下面以毛织物在静态浸水时的尺寸变化（缩水率）为例介绍织物缩水率的测定。

试验条件：按 GB/T 6529—2008 中的标准大气要求，即调湿和测量时的温度为（20±2)℃，湿度为（65±4)%，裁取无褶皱、规格为 50cm×50cm 的试样一块（试样各边应与织物长度、宽度方向相平行且试样应距布边至少 15cm)，将试样平放在工作平台上，在经向与纬向上各做 3 对标记，每对标记要相应均匀分布，使测量值能代表整块试样。其操作步骤如下：

（1）将试样在标准大气中平铺调湿至少 24h。

（2）调湿后的试样无张力地平放在测量工作台上，测量每对标记间的距离，精确到 0.5mm。

（3）称取试样的重量。

（4）在温度为 20~30℃的水中加入（1±0.05）g/L 烷基聚氧乙烯醚（平平加）或其他能达到同样效果的渗透剂，将试样以自然状态散开，充分浸没于水中，浸水时间为（60±5）min。

（5）取出试样，放入离心脱水机内脱干，小心展开试样，平放于室内光滑平台上晾干。

（6）晾干后，试样移入标准大气中调湿。

（7）称取试样质量，织物浸水前调湿质量和浸水晾干调湿后的质量差异在±2%以内，然后按步骤（2）再次测量。

试样尺寸的缩水率：

$$S = \frac{L_1 - L_2}{L_1} \times 100\%$$

式中：S——试样经向或纬向尺寸变化（缩水）率，%；

L_1——试样浸水前经向或纬向标记间的平均长度，mm；

L_2——试样浸水后经向或纬向标记间的平均长度，mm。

当 $S \geq 0$ 时，表示试样收缩；$S<0$ 时，表示试样伸长。

例如，用啥味呢的面料缝制裤子，而裤子的成品裤长是100cm，经向的缩水率是3%，那么，制板纸样的裤长 L：

$$L=100/（1-3/100）=100/0.97=103.1（cm）$$

其他织物，如牛仔织物，其试样的量取方法类似毛织物，而牛仔服装的水洗方法很多，如石磨洗、漂洗等，试样的缩水率应根据实际的水洗方法来确定，但绘制纸板尺寸的计算公式还是以上公式。对于缩水率，国家有统一的产品质量标准规定。常见织物的缩水率如表1-4所示（仅供参考）。

表1-4　常见织物的缩水率

面　料		品　　　种	缩水率（%）	
			经向（长度方向）	纬向（门幅方向）
印染棉布	丝光布	平布、斜纹、哔叽、贡呢	3.5~4	3~3.5
		府绸	4.5	2
		纱（线）卡其、纱（线）华达呢	5~5.5	2
	本光布	平布、纱卡其、纱斜纹、纱华达呢	6~6.5	2~2.5
	防缩整理的各类印染布		1~2	1~2
色织棉布	线呢		8	8
	条格府绸		5	2
	被单布		9	5
	劳动布（预缩）		5	5
呢绒	精纺呢绒	纯毛或含毛量在70%以上	3.5	
		一般织物	4	3.5
	粗纺呢绒	呢面或紧密的露纹织物	3.5~4	3.5~4
		绒面织物	4.5~5	4.5~5
	组织结构比较稀松的织物		5以上	5以上
丝绸	桑蚕丝织物（真丝）		5	2
	桑蚕丝织物与其他纤维交织物		5	3
	绉线织物和绞纱织物		10	3
化纤织物	黏胶纤维织物		10	8
	涤棉混纺织物		1~1.5	1
	精纺化纤织物		2~4.5	1.5~4
	化纤丝绸织物		2~8	2~3

二、热缩率

织物的热缩率与缩水率类似，主要取决于纤维特性、织物密度、织物后整理和熨烫温度等。在多数情况下，经纱方向的热缩率比纬纱方向的热缩率大。

下面以毛织物在干热熨烫条件下的尺寸变化（热缩率）为例介绍织物热缩率的测试。

试验条件：按 GB/T 6529—2008 中的标准大气要求，用温度为（20±2）℃，相对湿度为（65±4）％，压强为（1.5±0.2）kPa 的电熨斗或其他与试验条件相同的装置，对织物进行调试，试样应在距大匹两端 5m 以上部位裁取，样品不得小于 20cm 全幅，在试样的中央和旁边部位（至少离开布边 10cm）画出 70mm×70mm 的两个正方形，然后用与试样色泽相异的细线，在正方形的四个角上做标记，试验步骤如下：

（1）将试样在试验用标准大气下平铺调湿至少 24h，纯合成纤维产品至少调湿 8h。

（2）将调湿后的试样无张力地平放在工作台上，依次测量经、纬向各对标记间的距离，精确到 0.5mm，并分别计算出每块试样的经、纬向的平均距离，再按 GB/T 8170—2008 精确到 0.01mm。

（3）将温度计放入带槽石棉板内，压上熨斗或其他相应的装置加热到 180℃ 以上，然后再降温到 180℃ 时，先将试样平放在毛毯上，再压上熨斗，保持 15s，然后移开电熨斗。

（4）按步骤（1）和步骤（2）的要求重新调湿，测量和计算经、纬向平均距离。

试样尺寸的热缩率：

$$R = \frac{L_1 - L_2}{L_1} \times 100\%$$

式中：R——试样经、纬向的尺寸变化（热缩）率，％；

L_1——试样熨烫前标记间的平均长度，mm；

L_2——试样熨烫后标记间的平均长度，mm。

当 $R \geq 0$ 时，表示试样收缩；$R < 0$ 时，表示试样伸长。

例如，用精纺呢绒的面料缝制西服上衣，成品衣长是 74cm，经向的热缩率是 2%，那么，制板纸样的衣长 L：

$$L = 74/（1-2/100） = 74/0.98 = 75.5（cm）$$

但通常的情况是面料上要粘织造衬或非织造衬，这时，不仅要考虑面料的热缩率，还要考虑衬的热缩率，在保证它们能有很好的服用性能的基础上，再粘合在一起，而后，计算它们共有的热缩率，确定适当的制板纸样尺寸。

至于其他面料，尤其是化纤面料，一定要注意熨烫的合适温度，防止面料出现焦化等现象。各种纤维面料的熨烫温度如表 1-5 所示。

表1-5　各种纤维面料的熨烫温度

纤维面料	熨烫温度（℃）	备　注
棉、麻织物	160~200	给水可适当提高温度
毛织物	120~160	反面熨烫
丝织物	120~140	反面熨烫，不能喷水
黏胶织物	120~150	—
涤纶、锦纶、腈纶、维纶织物	110~130	维纶面料不能用湿烫布，也不能喷水熨烫
氯纶	—	不能熨烫

　　影响服装成品规格的还有其他因素，如缝缩率等，这与织物质地、缝纫线性质、缝制时上下线张力、压脚压力以及人为因素有关，在可能的情况下，纸样可作适当处理。

本章思考题

　　1. 工业制板的目的。

　　2. 如何理解工业制板与单裁单做的区别？

　　3. 以常见的贴门襟男衬衫为例，试指出工业制板的流程是什么？

　　4. 如何理解褶的符号及它的造型特点？

　　5. 工业制板中，某个款式的全套纸样由哪些部分组成？

基础理论——

服装号型国家标准

课题内容：1. 服装号型标准概况。

2. 号型的内容。

上课时数：3 课时

教学提示：分析服装号型标准的发展过程，强调标准在服装生产中的重要性。讲解服装号型标准的概念以及在服装规格设计中的应用。

教学要求：1. 了解服装号型国家标准的发展和构成。

2. 了解服装号型国家标准中涉及的概念。

3. 了解服装号型国家标准的主要内容。

课前准备：阅读 GB/T 1335.1～2—2008 服装号型（男子、女子）和 GB/T 1335.3—2009 服装号型（儿童）和其他相关的国家标准，并能在教学中论述。

第二章　服装号型国家标准

第一节　服装号型标准概况

在服装工业生产的纸样设计环节中，服装规格的建立是非常重要的，它不仅对制作基础纸样是不可缺少的，更重要的是成衣生产需要在基础纸样上放缩出不同规格或号型系列的纸样。在服装工业发达的国家或地区，很早就开始了对本国家或本地区标准人体和服装规格的研究，大多都建立有一套比较科学和规范的工业成衣号型标准，供成衣设计者使用或消费者参考。企业要想获得尺码齐全的规格尺寸，从而满足消费者的需求，就需要参考该国家或该地区所制定的服装规格标准。例如，日本的男、女成衣尺寸规格是参照日本工业规格（JIS）制订的；英国的男、女成衣尺寸是依据英国标准研究所提供的规格而设计的；美国、德国、意大利等也都有较完善的服装规格或参考尺寸。服装规格的优劣，在很大程度上影响着该国服装工业的发展和技术的交流。

我国对服装规格和标准人体的尺寸研究起步较晚，1972 年后开始逐步制订一系列的服装标准，国家统一号型标准是在 1981 年制定的，于 1982 年 1 月 1 日实施，标准代号是 GB 1335—1981。经过一些年的使用后，根据原纺织工业部、中国服装工业总公司、中国服装研究设计中心、中国科学院系统所、中国标准化与信息分类编码所和上海服装研究所提供的资料，于 1987～1988 年在全国范围内进行了大量人体测量，对获取的数据进行归纳整理，形成了我国较系统的国家标准《中华人民共和国国家标准　服装号型》（*Standard Sizing System for Garment*）。它由国家技术监督局于 1991 年 7 月 17 日发布，1992 年 4 月 1 日起实施，分男子、女子和儿童三种标准，它们的标准代号分别是 GB 1335.1—1991、GB 1335.2—1991 和 GB/T 1335.3—1991，其中，"GB" 是 "国家标准" 四字中 "国标" 两字汉语拼音的声母，"T" 字母是 "推荐使用" 中 "推" 字汉语拼音的声母，男子和女子两种国家标准是强制执行的标准，是服装企业的产品进入内销市场的基本条件，而儿童标准是国家对服装企业非强制使用的标准，只是企业根据自身的情况适时使用，这些发布和实施的服装国家标准基本上与国际标准接轨。到 1997 年共制订了 36 个标准，其中有 13 个国家标准，12 个行业标准，11 个专业标准（有些企业还制订了要求更高的企业标准）。1997 年 11 月 13 日，相关部门修订并发布了服装号型国家标准，该标准于 1998 年 6 月 1 日起实施，仍旧分男子、女子和儿童三种标准，它们的标准代号分别是 GB/T 1335.1—1997、GB/T 1335.2—1997 和 GB/T 1335.3—1997，修订的男装和女装标准都已改为推荐标准，既然是推荐的标准是否就可以不采用呢？答案是否定的。因为，如果不使用国家标准，就应该使用相应的行业标准或企业标准，而企业标准高于行业标准，行业标准又高于国家标准，故实施起来比较困难。此外，因地域情况的差异部分省市还制定了一些地方标准。截至目前，已制定与纺织服装相关的基础标准、产品标准、方法标准、管理标准等1200余项，标准种类繁多，统一性不强。因此，服装企业应遵照国家标准的要求进行生产。2008年12月31日，由上海市服装研究所、中国服装协会、中国标准化研究院、中国科学院系统所等主要起草单位再次修订并发布了男子、女子服装号型国家标准，该标准于2009年8月1日起实施，标准代号分别是 GB/T 1335.1—2008 和 GB/T 1335.2—2008；儿童服装号型国家标准则于2009年3月19日修订并发布，于2010年1月1日起实施，代号为 GB/T 1335.3—2009。

在国家标准中，定义了号（Height）和型（Girth）。号指人体的身高，以厘米（cm）为单位，是设计和选购服装长短的依据；型指人体的上体胸围或下体腰围，以厘米为单位，是设计和选购服装肥瘦的依据。同时，根据人体（男子、女子）的胸围与腰围的差数，将体型（Body Type）分为四种类型，代号分别是 Y、A、B 和 C。它的分类有利于成衣设计中胸腰围差数的合理使用，也为消费者在选购服装时提供了方便。其中，男子服装标准的体型代号的范围如表 2-1 所示，女子服装标准的体型代号的范围如表 2-2 所示。

表 2-1　男子体型分类代号及范围　　　　　　　　　　　　　单位：cm

体型分类代号	Y	A	B	C
胸围和腰围之差	22~17	16~12	11~7	6~2

表 2-2　女子体型分类代号及范围　　　　　　　　　　　　　单位：cm

体型分类代号	Y	A	B	C
胸围和腰围之差	24~19	18~14	13~9	8~4

国家标准规定服装上必须标明号型，套装中的上、下装分别标明号型。号型的表示方法是号与型之间用斜线分开，后接体型分类代号，如 170/88A、170/74A、160/84C、160/78C。

服装上标明的号的数值，表示该服装适用于身高与此号相近的人，如 170 号，适用于身高 168~172cm 的人；155 号，则适用于身高 153~157cm 的人，以此类推。服装上标明的型的数值及体型分类代号，表示该服装适用于胸围或腰围与此型相近及胸围与腰围之差在此范围之内的人，如男子上装 88A 型，适用于胸围 86~89cm 及胸围与腰围之差在 12~16cm 的人；下装 76A 型，适用于腰围 75~77cm 以及胸围与腰围的差在 12~16cm 的人；女子上装 81C 型，适用于胸围 79~82cm 及胸围与腰围的差在 4~8cm 的人；下装 75C 型，适用于腰围 74~76cm 以及胸围与腰围的差在 4~8cm 的人。以此类推。

1991 年实施的国家号型标准是建立在科学调查的基础上，通过数理统计等方法而提出和确立的，可以说，号型标记具有普遍性、规范化、信息量大和容易记的特点。其中，2008 年修订的国家标准增大了适用范围，拓宽了号型系列及范围，如男子的净胸围达到116cm，腰围达到112cm；女子净胸围达到112cm，腰围达到106cm；2009 年修订的儿童号型国家标准中儿童（包括婴幼儿）的身高则是 52~160cm。号型系列以各体型中间体为中心，向两边依次递增或递减组成，各数值的意义表示成衣的基础参数（净尺寸或基本尺寸），服装规格应按此系列为基础，同时按设计要求加上放松量进行处理。

在标准中，身高以 5cm 分档，组成号系列，男子身高从 150cm（B 体型、C 体型）、155cm、160cm、165cm、170cm、175cm、180cm、185cm 到 190cm，共 9 档；女子身高从145cm、150cm、155cm、160cm、165cm、170cm、175cm 到 180cm，共 8 档。胸、腰围分别以 4cm 和 2cm 分档，组成型系列；身高与胸围、腰围搭配分别组成 5·4 和 5·2 号型系列。除这两种号型系列外，原 1991 年国家标准还包含 5·3 号型系列。一般来说，5·4 号型系列和 5·2 号型系列组合使用，5·4 号型系列常用于上装中，5·2 号型系列多用于下装中；而原 5·3 号型系列可单独成一系列，既用于上装又用在下装中。这样与四种体型代号搭配，组成 8 个号型系列，它们是：

$$\begin{array}{cccc} \dfrac{5\cdot4}{5\cdot2}\,Y & \dfrac{5\cdot4}{5\cdot2}\,A & \dfrac{5\cdot4}{5\cdot2}\,B & \dfrac{5\cdot4}{5\cdot2}\,C \\[2mm] 5\cdot3\,Y & 5\cdot3\,A & 5\cdot3\,B & 5\cdot3\,C \end{array}$$

在儿童号型的国家标准中，不进行体型分类，对身高（长）52~80cm 的婴儿，身高以 7cm 分档，胸围以 4cm 分档，腰围以 3cm 分档，分别组成 7·4 和 7·3 号型系列；对身高 80~130cm 的儿童，身高以 10cm 分档，胸围以 4cm 分档，腰围以 3cm 分档，分别组成10·4 和 10·3 号型系列；对身高 135~155cm 的女童和 135~160cm 的男童，身高以 5cm分档，胸围以 4cm 分档，腰围以 3cm 分档，分别组成 5·4 和 5·3 号型系列。

在三个标准中，主要的控制部位是身高、胸围和腰围，控制部位数值（指人体主要部位的数值，系净体尺寸）作为设计服装规格的依据。但仅有这三个尺寸是不够的，所以，在男子和女子号型标准中还有其他七个控制部位数值，它们分别是颈椎点高、坐姿颈椎点高、全臂长、腰围高、颈围、总肩宽和臀围；在儿童号型标准中，另外的控制部位尺寸是坐姿颈椎点高、全臂长、腰围高、颈围、总肩宽和臀围。而三个主要控制部位则分别对应其他的控制部位尺寸，其中，身高对应的高度部位是颈椎点高、坐姿颈椎点高、全臂长和腰围高；胸围对应的围（宽）度部位是颈围和总肩宽；腰围对应的围度部位是臀围。男子、女子和儿童各个部位的测量方法和测量示意图可查阅《服装用人体测量的部位与方法》国家标准（GB/T 16160—2008）。

当我们到商场去购买男衬衫时，会发现衬衫领座后中有类似这样的尺寸标，如：170/88A 39，这组数值的含义是指，该产品适合净身高范围为 168~172cm，净胸围范围为 86~89cm，体型为 A（即胸腰围之差在 16~12cm）的人，其成衣的领围尺寸是 39cm。对于消费者来说，只要知道自己的身高、胸围、体型和领围，就可以依此购买衬衫。而对于设计该衬衫的生产厂家，则可根据服装标准，首先确定号型，即身高、胸围和体型，然后利用5·4、5·2号型系列中提供的坐姿颈椎点高、全臂长、颈围和总肩宽四个部位的尺寸，以净胸围为主要参考部位加上设计的放松量作为衬衫的成品尺寸（它们对应的服装术语是衣长、袖长、领围、肩宽和胸围）。当确定衬衫的这些主要控制部位的尺寸后，它的成品规格也就有了，再结合一些小部位规格尺寸，衬衫的纸样就可以绘制完成。

正如开始所讲的那样，服装号型国家标准只是基本上与国际标准相接轨，通过与美国、日本和英国的服装规格相比，发现我国的标准中没有背长、股上长和股下长这三个尺寸，而与之基本对应的是坐姿颈椎点高和腰围高两个尺寸。从科学角度进行比较，背长只是坐姿颈椎点高的一部分，对于不同的人体，如果有同样长度的坐姿颈椎点高，而背长不可能完全一样，会造成在纸样的结构造型中，腰围线产生高低之分，制作的纸样就会有区别，尤其在缝制合体的服装时，效果会相差很大。同样，腰围高包括股上长和股下长两部分，有同样腰围高的人，其股上长会有很大的差异，而股上长是设计下装立裆深尺寸的参数，对合体裤子的设计来说很重要。由此可见，国家标准中坐姿颈椎点高和腰围高两个部位尺寸的设计和采用科学性不足，还需要有其他相关的部位尺寸。

在男子和女子服装号型国家标准中，还列出了各体型在全国该性别人口总量中的比例和服装号型的覆盖率以及各大地区各体型占该地区某性别人口总量的比例和服装号型覆盖率。这些地区分别为东北、华北地区，中、西部地区，长江下游地区，长江中游地区，广东、广西、福建地区和云、贵、川地区；儿童标准中只分北方地区和南方地区不同年龄号型的覆盖率。这些覆盖率的提出对内销厂商组织生产和销售有着一定的指导作用。

第二节　号型的内容

一、号型系列

服装号型国家标准中内容很多，下面就典型的号型系列表进行分析。如表2-3、表2-4所示，在男子号型系列表中，如果取胸围88cm，则其对应的腰围尺寸是68cm和70cm，胸围减腰围的差是20cm和18cm，这两个数值在17~22cm，属于Y体型；同理，在女子号型系列表中，该胸围尺寸所对应的该体型的胸腰围之差为22cm和20cm，属于Y体型。在这两个表中，男子身高从155cm到190cm，胸围从76cm到104cm，各分成8档；女子身高从145cm到180cm，胸围从72cm到100cm，也各分为8档；它们的身高相邻两档之差是5cm，相邻两档的胸围差则是4cm，两数搭配成为5·4号型系列。在两个表中，同一个身高和同一个胸围对应的腰围有两个数值（空格除外），两腰围之差为2cm，它们与身高差数5cm搭配构成上一节中提到的5·2号型系列，就是说，一个身高一个胸围对应有两个腰围，也可以这样认为，一件上衣有两条不同腰围的下装与之对应，从而拓宽了号型系列，满足了更多人的穿着需求。

表2-3　男子5·4、5·2Y号型系列　　　　　　　　　　　　　　　单位：cm

胸围	155		160		165		170		175		180		185		190	
	腰 围															
76			56	58	56	58	56	58								
80	60	62	60	62	60	62	60	62	60	62						
84	64	66	64	66	64	66	64	66	64	66	64	66				
88	68	70	68	70	68	70	68	70	68	70	68	70	68	70		
92			72	74	72	74	72	74	72	74	72	74	72	74	72	74
96					76	78	76	78	76	78	76	78	76	78	76	78
100							80	82	80	82	80	82	80	82	80	82
104									84	86	84	86	84	86	84	86

表2-4　女子5·4、5·2Y号型系列　　　　　　　　　　　　　　　单位：cm

胸围	145		150		155		160		165		170		175		180	
	腰 围															
72	50	52	50	52	50	52	50	52								
76	54	56	54	56	54	56	54	56	54	56						
80	58	60	58	60	58	60	58	60	58	60	58	60				
84	62	64	62	64	62	64	62	64	62	64	62	64	62	64		
88	66	68	66	68	66	68	66	68	66	68	66	68	66	68	66	68
92			70	72	70	72	70	72	70	72	70	72	70	72	70	72
96					74	76	74	76	74	76	74	76	74	76	74	76
100							78	80	78	80	78	80	78	80	78	80

除此之外，也有一个身高、一个胸围对应有三个腰围的情况，这使得覆盖面就更大了。还有同一个胸围、不同的身高对应的一组腰围都相等的情况，这是由于腰围和胸围同处于围度方向，而身高则处于长度方向，所以，腰围随着胸围而发生变化。另外，两表中的一些格子是空白的，如男子身高为160cm、胸围为100cm，女子身高为170cm、胸围为72cm，没有腰围与之对应，这并不是说没有这种体型的人，只是这种体型的人在总量中所占有的比例很小，故没有在表中列出。

表2-5、表2-6所示为1991年国家标准5·3A号型系列的内容，其中，身高是7档，

而与表 2-3、表 2-4 最大的不同之处在于胸围和腰围的分档，在这里，男子的胸围分为 10 档，女子的胸围分为 9 档，相邻两行的胸围差是 3cm，同样，相邻两行的腰围差也是 3cm，与身高的分档值 5cm 组合，形成 5·3 号型系列。从表中可以看出，5·3 号型系列既可以用于上装又可以用于下装，呈一一对应的特点。

表 2-5　1991 年国家标准男子 5·3A 号型系列　　　　　　　　单位：cm

腰围 胸围　身高	A						
	155	160	165	170	175	180	185
72		58	58				
75	61	61	61	61			
78	64	64	64	64			
81	67	67	67	67	67		
84	70	70	70	70	70	70	
87	73	73	73	73	73	73	73
90		76	76	76	76	76	76
93		79	79	79	79	79	79
96		82	82	82	82	82	
99				85	85	85	85

表 2-6　1991 年国家标准女子 5·3A 号型系列　　　　　　　　单位：cm

腰围 胸围　身高	A						
	145	150	155	160	165	170	175
72	56	56	56	56			
75	59	59	59	59	59		
78	62	62	62	62	62		
81	65	65	65	65	65	65	
84	68	68	68	68	68	68	68
87		71	71	71	71	71	71
90		74	74	74	74	74	74
93			77	77	77	77	77
96				80	80	80	80

表 2-7 所示为男子号型系列 A 体型分档数值，表 2-8 所示为女子号型系列 B 体型分档数值，两表中采用的人体部位有身高、颈椎点高、坐姿颈椎点高、全臂长、腰围高、胸围、颈围、总肩宽、腰围和臀围。不论男子和女子的身高如何分档，男子的中间体在标准中使用的是 170cm，女子则采用 160cm，表中的计算数是指经过数理统计后得到的数值，采用数是服装专家们在计算数的基础上进行合理地处理后得到的数值，它在内销服装生产过程中制订规格尺寸表时有着很重要的作用。

表 2-7　男子号型系列 A 体型分档数值　　　　　　　　单位：cm

体 型	A									
部 位	中间体		5·4 号型系列		5·3 号型系列		5·2 号型系列		身高、胸围、腰围每增减 1cm	
	计算数	采用数	计算数	采用数	计算数	采用数	计算数	采用数	计算数	采用数
身高	170	170	5	5	5	5	5	5	1	1
颈椎点高	145.1	145.0	4.50	4.00	4.50	4.00			0.90	0.80
坐姿颈椎点高	66.3	66.5	1.86	2.00	1.86	2.00			0.37	0.40
全臂长	55.3	55.5	1.71	1.50	1.71	1.50			0.34	0.30
腰围高	102.3	102.5	3.11	3.00	3.11	3.00	3.11	3.00	0.62	0.60
胸围	88	88	4	4	3	3			1	1
颈围	37.0	36.8	0.98	1.00	0.74	0.75			0.25	0.25
总肩宽	43.7	43.6	1.11	1.20	0.86	0.90			0.29	0.30
腰围	74.1	74.0	4	4	3	3	2	2	1	1
臀围	90.1	90.0	2.91	3.20	2.18	2.40	1.46	1.60	0.73	0.80

以表 2-7 中的坐姿颈椎点高进行分析：当中间体的计算数为 66.3cm 时，为了便于在实际工作中数据的处理，采用数为 66.5cm；在对应的 5·4 号型系列和 5·3 号型系列两栏中，由于身高对应的高度部位中有坐姿颈椎点高，所以，它只与身高有关而与围度的变化无关，因此，身高变化 5cm，坐姿颈椎点高的变化量实际计算数都是 1.86cm，而采用数则是 2.00cm；至于对应的 5·2 号型系列一栏中却是空白，这是因为 5·2 系列常用在下装中，而与坐姿颈椎点高没有关系，所以该栏不能填写；最后一栏的计算数是 0.37cm，采用数也是 0.40cm，它的含义是，当身高变化 5cm 时，坐姿颈椎点高的变化量计算数是 1.86cm，采用数是 2.00cm，那么，身高变化 1cm，两格中的数值就是表中的 0.37cm 和 0.40cm。表 2-7 中的其他数据和表 2-8 中的所有数据都可以这样分析。

表 2-8　女子号型系列 B 体型分档数值　　　　　　　　　　单位：cm

体　型	B									
部　位	中间体		5·4 号型系列		5·3 号型系列		5·2 号型系列		身高、胸围、腰围每增减 1cm	
	计算数	采用数	计算数	采用数	计算数	采用数	计算数	采用数	计算数	采用数
身高	160	160	5	5	5	5	5	5	1	1
颈椎点高	136.3	136.5	4.57	4.00	4.57	4.00			0.92	0.80
坐姿颈椎点高	63.2	63.0	1.81	2.00	1.81	2.00			0.36	0.40
全臂长	50.5	50.5	1.68	1.50	1.68	1.50			0.34	0.30
腰围高	98.0	98.0	3.34	3.00	3.34	3.00	3.34	3.00	0.67	0.60
胸围	88	88	4	4	3	3			1	1
颈围	34.7	34.6	0.81	0.80	0.61	0.60			0.20	0.20
总肩宽	40.3	39.8	0.69	1.00	0.52	0.75			0.17	0.25
腰围	76.6	78.0	4	4	3	3	2	2	1	1
臀围	94.8	96.0	3.27	3.20	2.45	2.40	1.64	1.60	0.82	0.80

综合表 2-7 和表 2-8 中 5·4 号型系列、5·3 号型系列和 5·2 号型系列三栏中各部位的分档采用数可知，颈椎点高均为 4.00cm，坐姿颈椎点高均为 2.00cm，全臂长均为 1.50cm，腰围高均为 3.00cm，胸围分别为 4cm、3cm，颈围分别为 1.00cm、0.75cm 和 0.80cm、0.60cm，总肩宽分别为 1.20cm、0.90cm 和 1.00cm、0.75cm，腰围均为 4cm、3cm 和 2cm，臀围均为 3.20cm、2.40cm 和 1.60cm，如果下装只使用 5·3 号型系列和 5·2 号型系列，那么，腰围则均用 3cm 和 2cm，臀围均用 2.40cm 和 1.60cm，这些数据都是我们在制定规格尺寸表时可参考的。

表 2-9 所示为男子 Y、B、C 和女子 Y、A、C 体型的中间体数据和 5·4 号型系列分档数据的采用数，在男子体型栏中，Y、B 和 C 三种体型和 A 体型的中间体都是 170cm，在长度方向，Y 体型的数据与 A 体型相同，而与 B、C 体型相比，颈椎点高依次变化 0.5cm，坐姿颈椎点高也依次变化 0.5cm，全臂长没有变化，腰围高略有差异；在围度方向，Y 体型的胸围与 A 体型一样都是 88cm，而 B 体型则是 92cm，C 体型是 96cm，由于胸围的改变，导致颈围、总肩宽、腰围和臀围也相应变化；对于三种体型 5·4 号型系列一栏中的采用数，通过与表 2-7 中 A 体型 5·4 号型系列中的分档采用数相比，大部分相同，只有臀围颈围、总肩宽略有差异。在女子体型栏中，Y、A 和 C 三种体型和 B 体型的中间体虽然都是 160cm，但长度方向的采用数已经有些不同；在围度方向，Y 和 A 体型的胸围都是 84cm，B 和 C 体型的胸围则都是 88cm，即使是同样的胸围，其他部位的数据也不相同；对于 Y、A 体型 5·4 号型系列一栏中的分档采用数，通过与表 2-8 中 B 体型 5·4 号型系列中的分档采用数相比，绝大部分相同，只有臀围的采用数有区别，但 C 体型的 5·

4 号型系列一栏中的分档采用数与表 2-8 中 B 体型 5·4 号型系列中的采用数完全相同。男子的四种体型对应的中间体是 170/88Y、170/88A、170/92B 和 170/96C，女子的四种体型对应的中间体是 160/84Y、160/84A、160/88B 和 160/88C。

表 2-9　男、女其他体型分档数值　　　　　　　　　　　单位：cm

体　型	男　子						女　子					
	Y		B		C		Y		A		C	
部　位	中间体	5·4号型系列采用数	中间体	5·4号型系列采用数	中间体	5·4号型系列采用数	中间体	5·4号型系列采用数	中间体	5·4号型系列采用数	中间体	5·4号型系列采用数
身高	170	5	170	5	170	5	160	5	160	5	160	5
颈椎点高	145.0	4.00	145.5	4.00	146.0	4.00	136.0	4.00	136.0	4.00	136.5	4.00
坐姿颈椎点高	66.5	2.00	67.0	2.00	67.5	2.00	62.5	2.00	62.5	2.00	62.5	2.00
全臂长	55.5	1.50	55.5	1.50	55.5	1.50	50.5	1.50	50.5	1.50	50.5	1.50
腰围高	103.0	3.00	102.0	3.00	102.0	3.00	98.0	3.00	98.0	3.00	98.0	3.00
胸围	88	4	92	4	96	4	84	4	84	4	88	4
颈围	36.4	1.00	38.2	1.00	39.6	1.00	33.4	0.80	33.6	0.80	34.8	0.80
总肩宽	44.0	1.20	44.4	1.20	45.2	1.20	40.0	1.00	39.4	1.00	39.2	1.00
腰围	70.0	4	84.0	4	92.0	4	64.0	4	68.0	4	82.0	4
臀围	90.0	3.20	95.0	2.80	97.0	2.80	90.0	3.60	90.0	3.60	96.0	3.20

表 2-10 和表 2-11 所示分别为男子和女子 5·4、5·2A 号型系列控制部位数值，从表中可以看出各部位相邻两列间的差：颈椎点高之差均为 4.00cm、坐姿颈椎点高之差均为 2.00cm、全臂长之差均为 1.50cm、腰围高之差均为 3.00cm、胸围之差均为 4.00cm、颈围之差均为 1.00cm 和 0.80cm、总肩宽之差分别为 1.20cm 和 1.00cm、腰围之差均为 2.00cm、臀围之差分别为 1.60cm 和 1.80cm，这些差数与表 2-7 和表 2-8 的采用数相比，大多数都一样，只是表 2-8 中臀围的采用数是 1.60cm，而表 2-11 中的臀围差数却是 1.80cm，这是因体型的不同而略有不同。

表 2-10 中的身高和胸围并不是一一对应而是有交叉的，单从该表看，如果依据国家标准组织内销服装的生产，在制订服装规格表时，不应仅只生产 170/88A 规格的上装，还要适当生产一些 170/84A 规格的上装，别的规格也是这样；而对于表 2-11 却是一一对应，单从该表看，在组织生产时，可以只考虑一个身高对应于一个胸围。在生产下装时，如男子身高为 170cm，可以生产的下装规格有 170/70A、170/72A、170/74A 和 170/76A；女子身高为 160cm，生产的下装规格可以是 160/66A、160/68A 和 160/70A。如果组织生产套装，男子身高仍为 170cm，则有 170/84A｜170/70A、170/84A｜170/72A、170/88A｜170/72A、170/88A｜170/74A、170/88A｜170/76A 五种规格；女子身高为 160cm，则有 160/

单位：cm

表2-10　男子 5·4，5·2A 号型系列控制部位数值

部位	数值 A																		
身高	155	160	165	170	175	180	185	190											
颈椎点高	133.0	137.0	141.0	145.0	149.0	153.0	157.0	161.0											
坐姿颈椎点高	60.5	62.5	64.5	66.5	68.5	70.5	72.5	74.5											
全臂长	51.0	52.5	54.0	55.5	57.0	58.5	60.0	61.5											
腰围高	93.5	96.5	99.5	102.5	105.5	108.5	111.5	114.5											
胸围	72	76	80	84	88	92	96	100	104										
颈围	32.8	33.8	34.8	35.8	36.8	37.8	38.8	39.8	40.8										
总肩宽	38.8	40.0	41.2	42.4	43.6	44.8	46.0	47.2	48.4										
腰围	56	58	60	62	64	66	68	70	72	74	76	78	80	82	84	86	88	90	92
臀围	75.6	77.2	78.8	80.4	82.0	83.6	85.2	86.8	88.4	90.0	91.6	93.2	94.8	96.4	98.0	99.6	101.2	102.8	104.4

单位：cm

表2-11　女子 5·4，5·2A 号型系列控制部位数值

部位	数值 A																
身高	145	150	155	160	165	170	175	180									
颈椎点高	124.0	128.0	132.0	136.0	140.0	144.0	148.0	152.0									
坐姿颈椎点高	56.5	58.5	60.5	62.5	64.5	66.5	68.5	70.5									
全臂长	46.0	47.5	49.0	50.5	52.0	53.5	55.0	56.5									
腰围高	89.0	92.0	95.0	98.0	101.0	104.0	107.0	110.0									
胸围	72	76	80	84	88	92	96	100									
颈围	31.2	32.0	32.8	33.6	34.4	35.2	36.0	36.8									
总肩宽	36.4	37.4	38.4	39.4	40.4	41.4	42.4	43.4									
腰围	54	56	58	60	62	64	66	68	70	72	74	76	78	80	82	84	86
臀围	77.4	79.2	81.0	82.8	84.6	86.4	88.2	90.0	91.8	93.6	95.4	97.2	99.0	100.8	102.6	104.4	106.2

84A｜160/66A、160/84A｜160/68A 和 160/84A｜160/70A 三种规格。如果要进行综合分析，对同一身高，在组织生产时，还不能简单地只生产上述几种规格。

表2-12 和表2-13 所示分别为1991年国家标准中男子和女子5·3A 号型系列控制部位数值，与表2-10 和表2-11 相比，在长度方向，对应的五个部位相邻两列的差一样，分别为5cm、4cm、2cm、1.5cm 和3cm；在围度方向，5·3A 号型系列的胸围和腰围相邻两列的差都为3cm，而男子的颈围、总肩宽和臀围之差和女子的略有不同；与表2-10 一样，表2-12 和表2-13 的身高与胸围并不是一一对应，也是有交叉的，只不过5·3 号型系列没有5·4、5·2 号型系列那样复杂，换句话说，5·3 号型系列没有5·4、5·2 号型系列的覆盖面大，因此在组织服装生产时，5·3 号型系列的规格制订就少些。男子同样以身高170cm 为例，套装的规格有170/84A｜170/70A 和170/87A｜170/73A 两种；女子也以身高160cm 为例，套装的规格可以是160/81A｜160/65A、160/84A｜160/68A 和160/87A｜160/71A 三种。

表2-12　1991年国家标准男子5·3A 号型系列控制部位数值　　　　单位：cm

部位	A									
	数　值									
身高	155		160		165		170		175	180	185
颈椎点高	133.0		137.0		141.0		145.0		149.0	153.0	157.0
坐姿颈椎点高	60.5		62.5		64.5		66.5		68.5	70.5	72.5
全臂长	51.0		52.5		54.0		55.5		57.0	58.5	60.0
腰围高	93.5		96.5		99.5		102.5		105.5	108.5	111.5
胸围	72	75	78	81	84	87	90	93	96	99
颈围	32.85	33.60	34.35	35.10	35.85	36.60	37.35	38.10	38.85	39.60
总肩宽	38.9	39.8	40.7	41.6	42.5	43.4	44.3	45.2	46.1	47.0
腰围	58	61	64	67	70	73	76	79	82	85
臀围	77.2	79.6	82.0	84.4	86.8	89.2	91.6	94.0	96.4	98.8

表2-13　1991年国家标准女子5·3A 号型系列控制部位数值　　　　单位：cm

部位	A						
	数　值						
身高	145	150	155	160	165	170	175
颈椎点高	124.0	128.0	132.0	136.0	140.0	144.0	148.0
坐姿颈椎点高	56.5	58.5	60.5	62.5	64.5	66.5	68.5
全臂长	46.0	47.5	49.0	50.5	52.0	53.5	55.0
腰围高	89.0	92.0	95.0	98.0	101.0	104.0	107.0

续表

A								
部位	数　值							
胸围	72	75	78	81	84	87	90	93	96
颈围	31.2	31.8	32.4	33.0	33.6	34.2	34.8	35.4	36.0
总肩宽	36.40	37.15	37.90	38.65	39.40	40.15	40.90	41.65	42.40
腰围	56	59	62	65	68	71	74	77	80
臀围	79.2	81.9	84.6	87.3	90.0	92.7	95.4	98.1	100.8

另外，从所有的 5·4、5·2 号型系列控制部位数值表中可以看出，国家标准很好地解决了服装上、下装配套的问题，以男子胸围 88cm 为例，可以使用的腰围有 68cm、70cm、72cm、74cm、76cm、78cm、80cm、82cm、84cm，其中 68cm 和 70cm 是 Y 体型，72cm、74cm 和 76cm 是 A 体型，78cm 和 80cm 是 B 体，82cm 和 84cm 是 C 体型，即同一胸围的上装有不同腰围的裤子来搭配不同的体型。

表 2-14 中列出了传统的男、女西服套装在人体基本参数（净尺寸）的基础上关键部位应加放的松量（仅供参考），如袖长的加放量在全臂长的基础上加 3.5cm，但根据西服穿着的规范来讲，此数有些偏大；裤长中的 +2-2 表示在腰围高的基础上加上腰宽的 2cm（腰头宽假设是 4cm）再减去裤口距脚底的 2cm，换句话说，可以直接采用腰围高来计算裤子的长度。

表 2-14　男、女西服套装关键部位的加放量

加放松度	衣长[1]	胸围	袖长	总肩宽	裤长	腰围	臀围
男　子	-0.5	+18	+3.5	+1	+2-2	+2	+10[2]
女　子	-5	+16	+3.5	+1	+2-2	+2	+10

[1]衣长的服装尺寸：颈椎点高/2。
[2]如果上装中列有臀围尺寸，此时的松量在 10cm 的基础上再多加 3~7cm。

表 2-15 和表 2-16 所示为男、女各体型在总量中的覆盖率，A 体型在男、女覆盖率中均占比例最大，而 C 体型所占比例最小；但把男子各体型的覆盖率相加为 96.76%，女子各体型的覆盖率相加为 99.12%，这说明除这四种体型之外，还有其他特殊的体型，国家标准中没有列出。仅仅从数据上比较，女子的体型分类比男子的更为合理，覆盖面也更广。

表 2-15　男子各体型人体在总量中的比例

体型	Y	A	B	C
比例（%）	20.98	39.21	28.65	7.92

表 2-16　女子各体型人体在总量中的比例

体型	Y	A	B	C
比例（%）	14.82	44.13	33.72	6.45

在表 2-17 和表 2-18 中列出了男子身高与胸、腰围的覆盖率，从表 2-17 中发现 170/88Y 规格所占比例最大，在组织上装生产时，就把这个规格作为中间规格，批量也适当多一些；同样，表 2-18 中 170/68Y 规格和 170/70Y 规格数量也稍多一些。这里要注意三点：

（1）在表 2-3 中 170/88Y 对应的腰围是 68cm 和 70cm 两种，虽然表 2-18 中 70cm 的腰围覆盖率没有 68cm 的大，但基本接近，可以说表 2-3 和表 2-18 是对应的。

（2）在表 2-7 中身高 170cm、胸围 88cm，对应的腰围采用数却是 74cm，这是否说明它与表 2-18 相违背呢？其实不然。因为表 2-7 中的体型是 A 体型，而表 2-18 中的是 Y 体型，所以，一定要在同等条件下进行表格的比较。

（3）在前面已经提到，国家标准中还列有各大地区各体型的比例和服装号型覆盖率，这就要求服装生产企业在进行操作时，根据自身的特点，针对销售的不同地区和不同对象，采取灵活多样的尺寸比例搭配，掌握工作时的主动权，杜绝照搬照抄和盲目教条的做法。

表 2-17　男子 Y 体型身高与胸围覆盖率

胸围（cm）	身高（cm）						
	155	160	165	170	175	180	185
	比例（%）						
76		0.74	0.95	0.57			
80	0.67	2.47	4.23	3.38	1.26		
84	0.77	3.78	8.57	9.08	4.48	1.03	
88	0.41	2.63	7.92	11.11	7.27	2.22	
92		0.83	3.34	6.21	5.38	2.18	0.41
96			0.64	1.58	1.82	0.97	

表 2-18　男子 Y 体型身高与腰围覆盖率

腰围（cm）	身高（cm）						
	155	160	165	170	175	180	185
	比例（%）						
56		0.16	0.20				
58		0.41	0.58	0.39			
60	0.25	0.83	1.34	1.04	0.38		
62	0.36	1.37	2.51	2.20	0.92	0.18	
64	0.42	1.82	3.79	3.78	1.80	0.41	
66	0.39	1.96	4.64	5.25	2.84	0.73	
68	0.30	1.70	4.59	5.90	3.63	1.06	

腰围（cm）	身高（cm）						
	155	160	165	170	175	180	185
	比例（%）						
70	0.19	1.20	3.67	5.37	3.75	1.25	0.20
72		0.68	2.38	3.95	3.14	1.19	0.21
74		0.31	1.25	2.35	2.12	0.91	0.19
76			0.53	1.13	1.16	0.57	
78			0.18	0.44	0.52	0.29	
80					0.18		

虽然，表2-19中155/84Y规格所占比例最大，但我们常常以160/84Y规格作为中间体；而在表2-20中155/62Y、155/64Y、160/62Y和160/64Y这四种规格的覆盖率比较大，虽然中间规格常采用后两种之一，但四种规格生产的批量则根据销售的不同地区而略有不同。

表2-19　女子Y体型身高与胸围覆盖率

胸围（cm）	身高（cm）					
	145	150	155	160	165	170
	比例（%）					
72		0.75	1.04	0.66		
76	0.70	2.49	4.00	2.90	0.95	
80	1.11	4.57	8.45	7.05	2.66	0.45
84	0.97	4.61	9.83	9.46	4.11	0.80
88	0.47	2.57	6.31	7.00	3.50	0.79
92		0.79	2.23	2.85	1.64	0.43
96			0.43	0.64	0.43	

表2-20　女子Y体型身高与腰围覆盖率

腰围（cm）	身高（cm）					
	145	150	155	160	165	170
	比例（%）					
50		0.16	0.21			
52		0.38	0.53	0.34		
54	0.23	0.76	1.15	0.78	0.24	

腰围（cm）	身高（cm）					
	145	150	155	160	165	170
	比例（%）					
56	0.36	1.31	2.12	1.55	0.51	
58	0.50	1.92	3.33	2.62	0.93	
60	0.58	2.39	4.47	3.77	1.44	0.25
62	0.57	2.55	5.11	4.64	1.90	0.35
64	0.48	2.32	4.99	4.87	2.14	0.42
66	0.35	1.80	4.16	4.36	2.06	0.44
68	0.22	1.19	2.96	3.33	1.69	0.39
70		0.67	1.80	2.17	1.18	0.29
72		0.32	0.93	1.21	0.71	0.19
74			0.41	0.57	0.63	
76			0.16	0.23	0.16	

这里，各大地区各体型的比例和服装号型覆盖率的表格以及儿童号型覆盖率都没有列出，但它们的原理和分析与前面的覆盖率表类似；当然，还有大量的不同号型系列和不同体型的表格，大家可以查阅《中华人民共和国国家标准　服装号型》，从书中可以更具体、更全面、更深刻地了解并结合实际加以运用。

二、1991 年、1997 年和 2008 年标准比较

在 1997 年 11 月 13 日发布、1998 年 6 月 1 日实施的国家服装标准中，对 1992 年实施的服装国家标准进行了修订和补充，以保持其先进性、合理性和科学性。而 2008 年发布的国家标准又在 1997 年标准的基础上进一步完善，比较这三部"标准"，发现它们在很大程度上是相同的，下面就内容的不同之处进行说明。

1. 取消了 5 · 3 号型系列

经过一些年的应用，从服装实际生产的过程看，号型系列制定得越细、越复杂，就越不利于企业的生产操作和质量管理，而从国际标准的技术文件看，胸围的档差为 4cm，与我国的 5 · 4 号型系列一致，又为了满足腰围档差不宜过大的要求，将 5 · 4 号型系列按半档排列，组成 5 · 2 号型系列，保证了上、下装的配套，因此，在后两次的修订中，取消了 5 · 3 号型系列，只保留了 5 · 4 号型系列和 5 · 2 号型系列。但并不是说 5 · 3 号型系列不存在，它仍然有效，企业可根据自身的特点制订比国家标准更高要求的企业标准。

2. 取消了人体各部位的测量方法及测量示意图，但在文字上仍保留了

由于人体各部位的测量方法及测量示意图在国家标准 GB/T 16160—1996《服装人体

测量部位与方法》（1996 年 1 月 4 日发布，1996 年 7 月 1 日实施，2008 年又再次修订，标准代号 GB/T 16160—2008）中有叙述，因此，在服装号型国家标准修订本中没有列出。为了便于理解，在本书的附录 C 中附有人体各部位的测量方法及测量示意图（示意图以男子为例，女子的测量方法与男子相同）。

3. 补充了婴幼儿号型部分，使儿童号型尺寸系列得以完整

1991 年发布的儿童服装号型国家标准部分只有 2~12 岁年龄段儿童的号型，为了完善号型体系，增加了婴幼儿号型部分，即身长 52~80cm 的婴儿。这样，儿童服装号型把身高就分成了三段，其中儿童的身高范围是 80~130cm，男童的身高范围是 135~160cm，女童的身高范围与男童稍有差异是 135~155cm。

4. 修订中参考国外先进标准

"标准"在修订过程中参考了国际标准技术文件 ISO/TR 10652《服装标准尺寸系统》、日本工业标准 JISL 4004《成人男子服装尺寸》、日本工业标准 JISL 4005《成人女子服装尺寸》等国外先进标准。

5. 规范引用，范围微调

2008 年发布的服装号型国家标准对标准的英文名称进行了修改，对相关术语进行了英文标注。同时，对身高的范围进行了扩展，四种体型都增加了 190cm 的身高档，B 体型和 C 体型则向下补充了 150cm 的身高档；在胸围方面，对 Y 体型和 A 体型增加了 104cm 档，对 B 体型增加了 112cm 档，对 C 体型增加了 116cm 档，其内容也相应进行了丰富。

本章思考题

1. 号和型的定义，我国服装号型国家标准的特点。

2. 体型分类代号的范围及意义。

3. 号型的标注及含义。

4. 号型系列的概念及组成。

5. 为什么在表 2-3 和表 2-4 中，一个身高和一个胸围却对应两个腰围尺寸？而在表 2-5 和表 2-6 中，则是一一对应？

6. 如何理解表 2-7 和表 2-8？其中的采用数有何意义？

7. 在表 2-14 中，衣长的传统计算公式是"颈椎点高/2"，结合表 2-7 和表 2-9 中颈椎点和坐姿颈椎点的计算数和采用数，你认为衣长的采用数根据哪个数计算更科学和合理，为什么？

8. 请根据 2008 年发布的服装号型国家标准，列出男子和女子在不同体型下腰、臀之差的范围，它们对制订服装规格尺寸有何作用？

9. 表 2-21 是男、女同一个胸围在不同体型下的数据，从中你认识到什么？再与某一体型男、女肩宽的档差进行比较。

表 2-21　同一胸围不同体型的男、女肩宽档差比较　　　　单位：cm

部位	体型				档　差
	Y	A	B	C	
男子胸围88cm 的肩宽	44.0	43.6	43.2	42.8	-0.4
女子胸围88cm 的肩宽	41.0	40.4	39.8	39.2	-0.6

10. 表 2-22 所示为男子 5·4、5·2A 号型系列的内容，结合表 2-7 男子号型系列 A 体型分档数值表及表 2-14 男西服套装关键部位的加放量，编写 5·4A 号型系列男西服上装规格表（表 2-23）和 5·2A 号型系列男西服下装规格表（表 2-24），其中灰框条表示中间体。答案参见本书附录 D。

表 2-22　男子 5·4、5·2A 号型系列规格　　　　单位：cm

	A																					
	身　高																					
胸围	155			160			165			170			175			180			185			190
	腰　围																					
72				56	58	60	56	58	60													
76	60	62	64	60	62	64	60	62	64	60	62	64										
80	64	66	68	64	66	68	64	66	68	64	66	68	64	66	68							
84	68	70	72	68	70	72	68	70	72	68	70	72	68	70	72	68	70	72				
88	72	74	76	72	74	76	72	74	76	72	74	76	72	74	76	72	74	76	72	74	76	
92			76	78	80	76	78	80	76	78	80	76	78	80	76	78	80	76	78	80	76	78	80
96				80	82	84	80	82	84	80	82	84	80	82	84	80	82	84	80	82	84
100							84	86	88	84	86	88	84	86	88	84	86	88	84	86	88
104										88	90	92	88	90	92	88	90	92	88	90	92

表 2-23　5·4A 号型系列男西服上装规格　　　　单位：cm

型		72	76	80	84	88	92	96	100	104
部位		成品规格								
胸围										
总肩宽										
155	后衣长									
	袖长									
160	后衣长									
	袖长									

续表

型		72	76	80	84	88	92	96	100	104
165	后衣长									
165	袖长									
170	后衣长									
170	袖长									
175	后衣长									
175	袖长									
180	后衣长									
180	袖长									
185	后衣长									
185	袖长									
190	后衣长									
190	袖长									

表2-24　5·2A 号型系列男西服下装规格　　　　单位：cm

部位	腰围	臀围	号							
			裤长							
			155	160	165	170	175	180	185	190
型			成品规格							
72										
76										
80										
84										
88										

续表

部位		号									
		腰围	臀围	裤　长							
				155	160	165	170	175	180	185	190
型				成品规格							
92											
96											
100											
104											

基础理论及基础应用——

服装工业推板

课题内容： 1. 服装工业推板的方法与原理。

2. 服装工业推板的依据。

3. 女装原型的绘制与推板。

上课时数： 10 课时

教学提示： 叙述服装工业推板的概念，重点分析工业推板的原则和依据。以女装原型（女上装、袖、裙）为例讲解推板中的数据分析和绘制（建议以现场演示的方法进行实际操作）。

教学要求： 1. 理解服装工业推板的含义（它是服装工业制板的重要组成）。

2. 掌握服装工业推板的原则。

3. 了解选择中间规格进行纸样绘制的作用。

4. 了解推板中基准线和放大缩小的作用。

5. 了解档差的概念，以实例进行分析。

6. 掌握采用推板方法进行纸样绘制。

课前准备： 准备一份订单样本，用于分析档差；准备原型纸样，作为推板教学使用。

第三章　服装工业推板

　　当今服装工业的社会化大生产，要求同一款式的服装按照多种规格或号型系列的要求组织生产，从而满足大多数消费者的需求。

　　服装工业推板是工业制板的一部分，它是以中间规格标准纸样（或基本纸样）作为基准，兼顾各个规格或号型系列之间的关系，进行科学地计算，正确合理地分配尺寸，绘制出各规格或号型系列的裁剪用纸样的方法。在服装生产企业中通称推板（Grading），也称放码、推档或扩号。

　　采用推板技术不但能很好地把握各规格或号型系列变化的规律，使款型结构一致，而且有利于提高制板的速度和质量，使生产和质量管理更科学、更规范、更容易控制。

　　推板是一项技术性、实践性很强的工作，是计算和经验的结合。在工作中要求细致、合理，质量上要求绘图和制板都应准确无误。

第一节　服装工业推板的方法与原理

　　通常，同一种款式的服装有几个规格，这些规格都可以通过制板的方式实现，但单独绘制每一个规格的纸样将造成服装结构的不一致，如牛仔裤前弯袋的曲线，如果不借助其他工具，曲线的造型或多或少会有差异；另外，在绘制过程中，由于要反复计算，出错的概率将大大增加。然而，采用推板技术放缩出的几个规格就不易出现差错，因为号型系列推板是以标准纸样为基准，兼顾了各个规格或号型系列的关系，通过科学地计算而绘制出系列裁剪纸样，这种方法可保证系列规格纸样的相似性、比例性和准确性。

一、服装工业推板的方法

　　目前，服装工业纸样推板通常有两种方法。

（一）推拉摞剪法

　　推拉摞剪法又称为推剪法，一般是先绘制出小规格标准基本纸样，再把需要推板的规格或号型系列纸样，依此剪成各规格近似纸样的轮廓，然后将全系列规格纸样大规格在下、小规格（标准纸样）在上，按照各部位规格差值逐边、逐段地推剪出需要的规格系列纸样。这种方法速度快，适于款型变化快的小批量、多品种的纸样推板，由于需要熟练度较高的技艺，又比较原始，已不多用。

（二）推画制图法

推画制图法又称为嵌套式制板法，是伴随着数学及技术的普及而发展起来的，是在标准纸样的基础上，根据数学相似形原理和坐标平移的原理，按照各规格或号型系列之间的差值，将全套纸样画在一张样板纸上，再依此拓画并复制出各规格或号型系列纸样。随着推板技术的发展，推画制图法又分为"档差法""等分法"和"射线法"等。

服装工业推板一般使用的是毛缝纸样（很少使用净纸样）。本书推荐介绍的推板方法是目前企业常用的档差推画法，这种方法又有两种方式：

（1）以标准纸样作为基准，把其余几个规格在同一张纸板上推放出来，然后再一个一个地使用滚轮器复制出，最后再校对。

（2）以标准纸样作为基准，先推放出相邻的一个规格，剪下并与标准纸样核对，在完全正确的情况下，再以该纸样为基准，推放出更大一号的规格，依此类推。对于缩小的规格，其采用的方法与放大的过程一样。

二、服装工业推板的原理

服装工业推板的原理来自于数学中任意图形的相似变换，各衣片的绘制以各部位间的尺寸差值为依据，逐部位分配放缩量。但推画时，首先应选定各规格纸样的固定坐标中心点为统一的放缩基准点，各衣片根据需要可有多种不同的基准点选位。下面以简单的正方形的变化进行分析。

如图 3-1 所示，假如（a）图正方形 $ABCD$ 的边长比（b）图正方形 $A'B'C'D'$ 的边长小 1 个单位，（c）图以 B 点和 B' 点两点重合作为坐标系的原点 O，纵坐标在 AB 边上，横坐标在 BC 边上，那么，正方形 $A'B'C'D'$ 各点的纵坐标在正方形 $ABCD$ 对应各点放大：1，0，0，1，横坐标对应各点放大：0，0，1，1，顺序连接各点放大的正方形 $A'B'C'D'$；（d）图的坐标系在正方形 $ABCD$ 的中心，那么，正方形 $A'B'C'D'$ 各点的纵坐标在正方形 $ABCD$ 对应各点放大：0.5，0.5，0.5，0.5，横坐标对应各点放大：0.5，0.5，0.5，0.5，顺序连接各点放大的正方形 $A'B'C'D'$；（e）图的坐标系原点 O 在正方形 $ABCD$ 的 BC 边的中点，那么，正方形 $A'B'C'D'$ 各点的纵坐标在正方形 $ABCD$ 对应各点放大：1，0，0，1，横坐标对应各点放大：0.5，0.5，0.5，0.5，顺序连接各点放大的正方形 $A'B'C'D'$；（f）图的坐标系原点 O 在正方形 $ABCD$ 的 BC 边上，距 B 点为 BC 边长的 1/4，那么，正方形 $A'B'C'D'$ 各点的纵坐标在正方形 $ABCD$ 对应各点放大：1，0，0，1，横坐标对应各点放大：0.25，0.25，0.75，0.75，顺序连接各点放大的正方形 $A'B'C'D'$。当然，坐标系还可以建立在不同的边上，只是纵、横坐标放大的数值不一样。缩小的原理类同。通过（c）、（d）、（e）、（f）四图的比较，发现这些放大的图形结构、造型没有改变；而且（c）图的放大方法最简单，其他三图的方法则比较复杂。

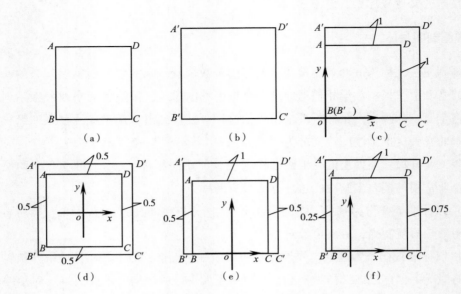

图3-1 正方形的相似变化

由此可见，服装工业推板的放缩推画基准点和基准线（坐标轴）的定位与选择要注意三个方面的因素：

（1）要适应人体体型变化规律。

（2）有利于保持服装造型、结构的相似和一致。

（3）便于推画放缩和纸样的清晰。

但是，由于不同人体不同部位的变化并不像正方形的放缩那么简单，而是有着各自增长或缩小的规律，因此，在纸样推板时，既要用到上面图形相似放缩的原理来控制"形"，又要按人体的规律来满足"量"。下面以女上装原型的分割为例，进一步阐述推板的原理（图3-2）。该女装基本原型尺寸为：净胸围84cm，背长38cm。

首先，了解主要控制部位的公式：

前、后胸围尺寸：净胸围/4+2.5cm；

背宽尺寸：净胸围/6+4.5cm；

胸宽尺寸：净胸围/6+3cm；

后领中点到胸围线尺寸：净胸围/6+7cm；

前、后领宽尺寸：净胸围/20+2.9cm或净胸围/12。

由于原型只有净胸围和背长两个尺寸，在整个绘制原型的过程中，基本参数是净胸围，假设净胸围的变化量为x，并且以上公式中"+"号后面的定数不变，那么，在图3-2中，前、后胸围各变化3份的$x/12$，背宽、胸宽各变化2份的$x/12$，前、后腰中点到前后领深中点各变化2份的$x/12$和1份的$x/12$，前、后领宽各变化1份的$x/12$；再假设净腰围的变化量为a，依据制图的方法，前、后腰围也各变化3份的$a/12$，连接各分割点成

图 3-2 女上装原型的近似分割原理

纵向分割，共有 6 块纵条。后领深中点到胸围线变化 2 份的 $x/12$，如果平分后领深中点到胸围线的尺寸，画胸围线的平行线直到前中线（图中的虚线），发现虚线与前中线的交点并不在前领深（窝）点上，但为了方便计算，把虚线平移到前领深点处（图中的实线），该线为横向分割，共有 6 块横条，前、后片共有 16 个分割片。

x 在以上 16 个分割片中，每小片都要加入部分变化量。怎样操作这些变化量呢？首先，看纵条的多边形 $ABHG$，通过上面分析，后领弧长 AB 和线段 GH 上各加入 $x/12$，这个变化量的加入实际上是原型围度的变化，把这个变化量分成 n 等份，相邻两份之间加入 $1/n$，这样，纵条多边形 $ABHG$ 围度的加入量就是均匀的变化；其次，纵长条多边形 $BCIH$ 中围度上的加入量也是 $x/12$，同样，把线段 BC（肩长）和线段 HI 分成 n 等份，把这些纵窄长条均匀拉开，其间距为 $1/n$ 的变化量，多边形 $BCIH$ 围度的变化也成为均匀的变化；最后，对于部分后袖窿弧线的多边形 FJI，把弧线 FJ 和线段 IJ 都分成 n 等份，均匀拉开，这才是理想的围度分配。其他多边形 $GHLK$、$HIML$ 和 $IJNM$ 围度的变化与上述多边形分配的原理一样，只是腰部各线段的变化量是 $a/12$。

下面看长度方向的变化，首先，横向的多边形 $ABCFD$ 由多边形 $ABED$ 和多边形 $BCFE$ 组成，把线段 AD 和线段 BE 平均分成 n 份，均匀拉开的变化量为 $x/12$ 的 $1/n$，同样，把 CF 也等分成 n 份，均匀拉开，两个多边形的增加量就是多边形 $ABCFD$ 的变化量；其次，把多边形 $DFJG$ 的线段 DG 和曲线 FJ 各等分 n 份，横窄条均匀拉开 $x/12$ 的 $1/n$，这样，多

边形 *DFJG* 在长度方向的变化量被均匀加入；最后，把多边形 *GJNK* 的线段 *GK* 和曲线 *JN* 各等分 *n* 份，假设背长的变化量为 *y*，那么，胸围线到腰围线的变化量为 *y*-2*x*/12，在相邻的两横窄条之间分别加入 *y*-2*x*/12 的 1/*n*，即可。

前片围度、长度方向变化量的加入与后片类似，按这种方法把变化量加入，既能满足尺寸"量"的要求，又能保证纸样"形"的一致。

上面的过程只是理论上的分析，但可以把纵条和横条的变化量在适当的位置加入也能实现"量"和"形"的统一，如图 3-3 所示。以后片为例，取纵条多边形 *ABHG* 的后领弧长 *AB* 的中点和线段 *GH* 的中点，沿两中点剪开，拉开并加入 *x*/12；同样，对于多边形 *BCIH* 和多边形 *FJI* 分别取肩长 *BC*、线段 *HI*、部分袖窿弧线 *FJ* 和线段 *IJ* 的中点，加入 *x*/12；而在多边形 *GHLK*、*HIML* 和 *IJNM* 中也是取相应线段的中点加入相应放松量，但在靠近胸围线处加的量是 *x*/12，而在靠近腰围线处加的量是 *a*/12。同理，前片与后片一样处理，加的量参见图 3-2 前片中的数值。有一点要注意的是，要利用基本原型纸样的曲线构造来连接变化后的弧线。

图 3-3 女上装原型变化量分配图

注 1. 虚线为图 3-2 中的原型，其间的实线为分割线。

2. 放大后的原型尺寸：胸围 88cm，背长 39cm，比例 1：5。

可按照制图的方法计算上面放大的原型与基本原型在具体数据上的变化。原型后领宽（后横开领）的计算公式：净胸围/20+2.9cm，按照这个公式：

放大原型的净胸围为 88cm 时，后领宽＝88/20+2.9＝4.4+2.9＝7.3（cm）；

当基本原型的净胸围是 84cm 时，后领宽＝84/20+2.9＝4.2+2.9＝7.1（cm）；

那么，两后领宽之差＝7.3-7.1＝0.2（cm）。

推板是怎样计算后领宽的变化呢？采用的计算公式依旧不变：

放大的原型与基本原型的后领宽之差＝（88/20+2.9）-（84/20+2.9）＝（88-84）/20＝4/20＝0.2（cm）。

比较两个差值，不论是按制图的过程绘制，还是使用推板方法，数值相同。仔细观察推板计算的后领宽的变化为 4/20，其中的"4"就是放大原型的胸围与基本原型的胸围之差，由此可知，推板采用的数据是把公式中涉及某部位的尺寸换成该部位的相邻规格的差值，而与公式中使用的定数（假设在整个推板过程中该定数不变）没有关系。当然，因款式和造型的需要，该定数可稍作适当调整。

从上可知，推板有两条关键的原则，简单来说就是：

（1）服装的造型结构保持一致，是"形"的统一。

（2）推板是制板的再现，是"量"的变化。

第二节　服装工业推板的依据

服装工业推板是工业制板中的一种方法，而一种方法的掌握和灵活运用需要有扎实的基础知识和丰富的实践经验，同时，应摸索该方法的一些规律和方便操作的步骤。

一、选择和确定中间规格

进行服装工业推板，无论采用何种推板方法，首先要选择和确定标准规格纸样，也称基本纸样。本书进行推板的基本纸样，根据习惯的档差推板法，基本纸样又称中间规格纸样或封样纸样，是制板人员依据号型系列或订单上提供的各个规格，选择具有代表性并能左右兼顾的规格作为基准。用来制作样衣的样板就是依此规格绘制的服装工业纸样。

例如，在商场中卖的 T 恤后领处缝有尺寸标，但尺寸标并不是只有一种规格，通常的规格有 S、M、L、XL 等。绘制纸样时，在这四个规格中多选择 M 规格作为中间规格进行首先绘制。S 规格以 M 规格为基准进行缩小，L 规格也以 M 规格为基准进行放大，而 XL 规格则又以 L 规格为参考进行放大。选择合适的中间规格主要考虑三个方面的因素：第一，由于多数情况下推板的工作还是由人工来完成，合适的中间规格在缩放时能减小误差的产生。如果是以最小规格去推放其余规格或以最大规格去推缩其他规格，产生的误差相对来说会大些，尤其是用最大规格推缩其他规格比用最小规格推放其余规格的操作过程更麻烦些。在服装 CAD 的推板系统中，凭借计算机运算速度快及精确的作图则不会产生上述问题。第二，由于纸样绘制可以采用不同的公式或方法进行计算，合适的中间规格在缩放时能减少其产生的差数。第三，对于批量生产的不同规格服装订单，通过中间规格纸样的排料可以估算出面料的平均用料，减少浪费，节约成本。

假设一份订单中有以下 7 种规格：28、29、30、31、32、34 和 36，通常会选择 30 规格或 31 规格作为中间规格进行制板。

二、绘制标准中间规格纸样

能够作为推板用的标准中间规格纸样需要进行一系列的操作。在确定中间规格之后，第一，分析面料的哪些性能会影响纸样的绘制；第二，分析各部位测量的方法和它们之间的联系；第三，采用合理的制板方法，绘制出封样用裁剪纸样和工艺纸样；第四，按裁剪纸样裁剪面料，并严格按工艺纸样缝制及后整理；第五，验收缝制好的样衣，写出封样意见；第六，讨论封样意见，找出产生问题的原因，修改原有封样纸样作为标准中间规格纸样。

不同款式有不同的制板分析过程，在后面的章节中会详细叙述。总之，标准中间规格纸样的正确与否将直接影响到推板的实施，如果中间规格纸样出现问题，不论推板运用得多么熟练，也没有意义。

三、基准线的约定

基准线类似数学中的坐标轴，例如，图 3-1 中（c）、（d）、（e）和（f）的结果虽然都正确，但坐标位置的确定直接影响操作的繁简。在服装工业纸样的推板过程中也必须使用坐标轴，这种坐标轴常称为基准线，基准线的合理选择能方便推板并保证各推板纸样的造型和结构一致，它是纸样推板的基准，没有它，各推板点的数值也就成了形式上的数量关系，没有实际意义。在本书中大多数基准线定位在纸样结构上有明显不同的分界处。另外，基准线既可以采用直线也可以在约定的某种方式下采用弧线，甚至可以用折线，使用弧线作为基准线的部位有西服的后中线、腋下片中的侧缝线等，但这种弧线基准线只是相对的基准线，在后面章节中会予以说明。

约定的常用基准线如下：

上装：前片——胸围线，前中线或搭门线；

后片——胸围线，后中线；

一片袖——袖肥线，袖中线；

衣领——领尖位置为基准位置，一般放缩后领中线。

下装：裤装——横裆线，裤中线（挺缝线）；

一般裙装——臀围线，前、后中线；

圆裙——圆点为基准；

多片裙——对折线为基准线。

其中，长度方向的基准线有胸围线、横裆线和臀围线等；围度方向的基准线有前、后中线和裤中线等；有些基准线还要依据款式结构的不同而有所变化。

四、推板的放缩约定

纸样的放大和缩小有严格的界限，为此，对放大和缩小作如下约定：

放大：远离基准线的方向。

缩小：接近基准线的方向。

图3-4所示为女上装原型的放大和缩小约定，其中，胸围线是长度方向的基准线，后中线是后片纸样围度方向的基准线，前中线是前片纸样围度方向的基准线。①线、②线、③线和④线表示长度方向的放缩，基准线是胸围线，但①线和②线的箭头是远离基准线方向，根据放缩的约定，①线和②线表示放大，而③线和④线的箭头是靠近基准线，根据约定，这两条线表示缩小；⑤线、⑥线、⑦线和⑧线则表示围度方向的放缩，但⑤线和⑥线的基准线是后中线，⑤线的箭头是远离后中线，那么，该线就表示放大，反之，⑥线为缩小，而⑦线和⑧线的基准线是前中线，⑦线表示放大，⑧线则缩小；⑨线、⑩线和另两条线的基准线是胸围线，其中⑨线和⑩线表示放大，另两条线表示缩小。

只要记住上面两条约定，就可以准确判定推板的放大和缩小的方向。

图3-4　女上装原型的放大和缩小约定

五、档差的确定

第二章表2-7和表2-8中各部位的分档采用数，在推板中非常有用，它们就是我们经常所说的"档差"（Grade）。档差是指某一款式同一部位相邻规格之差。

表 3-1 所示为男衬衫部分尺寸规格，该表是按照国家服装标准制订的，有 165/84A、170/88A、175/92A 和 180/96A 四个规格，对应的衣长分别为 70cm、72cm、74cm 和 76cm，对照档差的概念，很显然，衣长的档差是 2cm，即：76－74＝74－72＝72－70＝2（cm），同理，领围的档差为 1cm，肩宽的档差为 1.2cm，胸围的档差为 4cm，袖长的档差为 1.5cm，这些数值就是表 2-7 中的采用数。通过比较，同一部位的档差是相等的，这说明档差是有规则的。但能说是均匀变化吗？就围度的胸围和肩宽而言，根据衬衫的制板方法，前、后纸样中一片的胸围变化是 1cm，而肩宽变化却是 0.6cm，在绘制纸样时，由于变化量的不同，导致衬衫结构发生了变化，因此，各部位间的档差是不均匀的。也就是说，由于服装尺寸变化的不规律使得服装结构发生了变化，所以，前面提到的推板原则之一的服装"形"的统一是相对的而不是绝对的。另外，一定要记住表 2-7 和表 2-8 中的采用数，它们是制订内销产品规格表中档差的依据。

表 3-1　男衬衫部分尺寸规格

单位：cm

号型	165/84A	170/88A	175/92A	180/96A	规格档差
部位	成品尺寸				
衣长	70	72	74	76	2
领围	38	39	40	41	1
肩宽	44.8	46	47.2	48.4	1.2
胸围	106	110	114	118	4
袖长	56.5	58	59.5	61	1.5

表 3-2 所示为外贸裤子部分尺寸规格，该表中一共有 7 个规格，腰围的档差从 28～32 规格相邻之差为 1 英寸，而从 32～36 规格，其间只有 34 规格，相邻之差为 2 英寸，这说明腰围的档差有变化，而不像表 3-1 中衣长的档差那么均匀；同样，臀围的档差从 28～32 规格为 1 英寸，32～36 规格为 2 英寸；横裆的档差从 28～32 规格为 0.5 英寸，32～36 规格为 1 英寸；中裆档差从 28～32 规格为 0.25 英寸，32～36 规格为 0.5 英寸；裤口档差从 28～32 规格为 0.25 英寸，32～36 规格为 0.5 英寸；前裆长和后裆长的档差从 28～32 规格为 0.125 英寸，32～36 规格为 0.25 英寸。以上腰围、臀围、横裆、中裆和裤口五个部位都是指裤子的围度方向，前裆长和后裆长是指裤子的长度方向，虽然同一部位 28～32 规格档差一致，32～36 规格档差相同，但由于存在着"跳档"现象的出现，即没有 33 规格和 35 规格，使得该部位档差出现变化，可以认定该部位的档差是不规则的。根据推板是制板再现这一原则，裤子前、后纸样的一片中 28～32 规格腰围变化为 0.25 英寸，臀围变化为 0.25 英寸，横裆变化为 0.25 英寸，中裆变化为 0.125 英寸，裤口变化为 0.125 英寸，前裆和后裆都变化为 0.125 英寸；而到了 34 规格和 36 规格腰围变化为 0.5 英寸，臀围变化为 0.5 英寸，横裆变化为 0.5 英寸，中裆变化为 0.25 英寸，裤口变化为 0.25 英寸，前裆和后裆都变化 0.25 英寸，同一部位的变化成倍数关系，因此可以认定这些档差是均匀的。再看腰围、臀围和横裆这三个部位，在同一片纸样中其变化量相等，前裆和后裆的变

化量相等，中裆和裤口的变化量也相等，它们的变化也是均匀的（可称为均匀推板，even grading），也就是说，横裆以上部位、中裆以下部位，裤子的结构能保持一致，即推板原则之一的"形"的统一；而在横裆和中裆之间，由于变化量的不同，使裤子的结构发生改变，这是由于服装尺寸的变化不均匀，使得裆差的变化也不均匀（可称为不均匀推板，uneven grading），最终导致裤子"形"发生变化。从表中的下裆长（即内裆点到内裤口点的长度）可知，28 规格和 29 规格的下裆长一样长，即裆差为 0，30~32 规格的下裆长一样长，34 规格和 36 规格的下裆长一样，裆差都为 0，但 29 规格与 30 规格之间的裆差为 2 英寸，32 规格和 34 规格的裆差也为 2 英寸；拉链裆差的分析与下裆长裆差类似，28 规格和 29 规格的拉链一样长，30 规格和 31 规格的拉链一样长，32 规格和 34 规格的拉链一样长，裆差都为 0，而 8 英寸的拉链只有 36 一个规格，但 29 规格与 30 规格之间的裆差以及 31 规格与 32 规格的裆差都为 0.5 英寸，34 规格和 36 规格的裆差也为 0.5 英寸，下裆长和拉链这两个部位的裆差变化比较规则但不均匀。

表 3-2　外贸裤子部分尺寸规格　　　　　　　　　　　　　　单位：英寸

规格	28	29	30	31	32	34	36
部位	成品尺寸						
腰围	28	29	30	31	32	34	36
臀围	41	42	43	44	45	47	49
横裆	27	$27\frac{1}{2}$	28	$28\frac{1}{2}$	29	30	31
中裆	$19\frac{1}{2}$	$19\frac{3}{4}$	20	$20\frac{1}{4}$	$20\frac{1}{2}$	21	$21\frac{1}{2}$
裤口	$13\frac{3}{4}$	14	$14\frac{1}{4}$	$14\frac{1}{2}$	$14\frac{3}{4}$	$15\frac{1}{4}$	$15\frac{3}{4}$
前裆长	$11\frac{7}{8}$	12	$12\frac{1}{8}$	$12\frac{1}{4}$	$12\frac{3}{8}$	$12\frac{5}{8}$	$12\frac{7}{8}$
后裆长	$17\frac{1}{4}$	$17\frac{3}{8}$	$17\frac{1}{2}$	$17\frac{5}{8}$	$17\frac{3}{4}$	18	$18\frac{1}{4}$
下裆长	30	30	32	32	32	34	34
拉链	$6\frac{1}{2}$	$6\frac{1}{2}$	7	7	$7\frac{1}{2}$	$7\frac{1}{2}$	8

注　1. 由于是外贸订单，而国外的衡量单位制多用英制，为了说明问题，没有使用我国的公制。
　　2. 1 英寸≈2.54cm。

通过上面的分析，裆差并不是固定不变的，而应根据实际情况分别处理，确保推板过程的顺利进行。在此，大家要注意服装"形"的统一是相对意义上的结构一致。

第三节　女装原型的绘制与推板

根据推板的原理和依据，以实际的例子——女装原型的绘制与推板过程，了解制板和推板之间的关系，具体尺寸如表 3-3 和表 3-4 所示。表中的规格为制板尺寸，括号中的尺寸为净尺寸，档差的确定以 5·4 号型系列作为依据，每个款式由三个规格组成，缩小、放大和中间标准各一个规格。在推板之前，首先了解上装原型的制板，图 3-5 所示为女上装原型纸样图，在原型中后领宽（后横开领）使用的公式为净胸围/20+2.9cm，而在前述的图 3-2 中，后领宽使用的公式是净胸围/12cm，这两个公式都可以用于计算后领宽。另外，后肩省的画法与一些书上的画法不一样，这样做的目的是为了在推板中能使省道有所变化。

表 3-3　上装原型的尺寸　单位：cm

部位	代号	规格	档差
胸围	B'	94（$B=84$）	4
背长	BL	38	1
腰围	W'	70（$W=64$）	4
袖长	SL	54	1.5

表 3-4　裙原型的尺寸　单位：cm

部位	代号	规格	档差
腰围	W'	70（$W=64$）	4
臀围	H'	96（$H=90$）	4
腰臀长	D	17	0.5
裙长	L	60	2

注　1. 依据人体的结构特点，身高每增加 5cm，背长的变化为 1.1~1.3cm，表 3-3 为了说明问题而采用的背长档差是 1cm。

　　2. 在国家标准中，腰围变化 4cm，相应的臀围变化 3.2cm，表 3-4 为了说明问题，臀围与腰围的变化量相同。

　　3. 表 3-3 和表 3-4 中字母 B、W 和 H 分别是指净胸围、净腰围和净臀围；腰臀长和裙长尺寸不含腰头宽。

一、女上装和袖原型的制板

（一）女上装原型的分析与绘制

如图 3-5 所示，绘制长方形 AUVF，其中 AU=胸围/2=94/2=47（cm），AF=背长=38（cm）。在 AF 上取 AD=净胸围/6+7=84/6+7=21（cm），过 D 点画 AU 的平行线 DD′，取其中点 E′点，画垂线 E′V′，取 V′N′=2cm。利用背宽和胸宽的计算公式：B/6+4.5cm 和 B/6+3cm，画出背宽线和胸宽线。

A~K　后领宽计算公式：净胸围/20+2.9=84/20+2.9=7.1（cm），后领深为后领宽的 1/3，画顺后领口弧线。

K~C　在背宽线上量取后领深大小，再水平右移 2cm，得到肩点 C，连接后肩线 KC；后肩长平均分成三份，得到 M 点，过 M 点垂直向下取后肩长的一半，水平左移 0.5cm，得到肩省尖点 O，省宽 MN=1.5cm，连接 MO、NO，得到肩省。

PQR　取背宽的一半，垂直向上 2cm，得到省尖点 P，PQR 为后腰省。N′左移 1cm 为 G 点，QR=FG-（净腰围/4+1.5-1）=净胸围/4+2.5-3-（64/4+1.5-1）=84/4-0.5-16.5=4（cm），过 P 点作垂线与腰线相交，将 4cm 均分，得到 Q 点和 R 点，连接 QP、PR 线。

A′~K′　前领宽比后领宽小 0.2cm，为 6.9cm，从 U 点向左量取 6.9cm 确定 U′点，过 U′点垂直向下取 0.5cm，得到 K′点。前领深比前领宽大 1cm，为 7.9cm，过 U 点向下量取

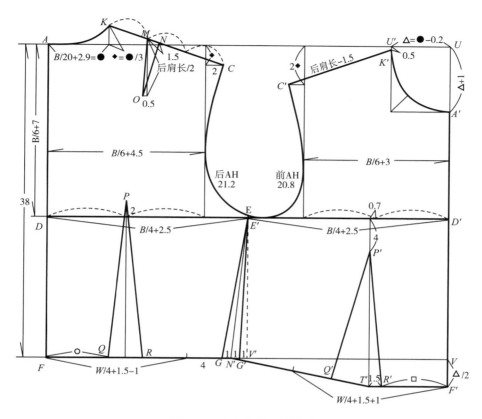

图 3-5　女上装原型纸样图

7.9cm 得到 A' 点，弧线连接 $K'A'$ 画顺前领口弧线。

$K' \sim C'$　在胸宽线上量取 2 倍的后领深大小，向左画水平线，从 K' 点作斜线取后肩长 -1.5cm 与该水平线相交，得到 C' 点，连接 $K'C'$，为前肩线。

$P'Q'R'$　取胸宽的一半，左移 0.7cm，再垂直向下取 4cm，得到省尖点 P'。延长 $A'V$ 至 F' 点，VF' = 前领宽 /2 = 6.9/2 = 3.45（cm）。从 P' 点作垂线，F' 点画水平线，两线相交于 T' 点，过 T' 点向右量取 1.5cm 取 R' 点，连接 $T'N'$，从 N' 点沿线段 $T'N'$ 取 1cm，得到 G' 点。$T'Q'$ =（$F'T'$ + $T'G'$）-（净腰围 /4+1.5+ 1）-1.5cm，得到 Q' 点，连接 $Q'P'$、$P'R'$，$P'Q'R'$ 为前腰省。

袖窿曲线的凹凸则根据人体体型和运动特点进行绘制，前袖窿曲线的曲率大，后袖窿曲线的曲率小，呈现前凹后缓的形状，同时袖窿弧线底部在袖窿宽的一半位置偏右。量得前、后袖窿的弧线长分别为 20.8cm 和 21.2cm。

（二）袖原型的分析与绘制

如图 3-6 所示绘制袖原型。

$A \sim B$、$A \sim C$　画袖中线和袖肥线，呈"十"字形，"十"字线中心点定位 O 点，袖中

图 3-6　女原型袖纸样图

线上袖山高 AO，取袖窿弧长/4＋2.5＝（20.8＋21.2）/4＋2.5＝13（cm），得到 A 点。从 A 点分别向袖肥水平线量取后袖窿弧长＋1cm 和前袖窿弧长，得到 B 点和 C 点，BC 的大小即为原型袖的袖肥。袖山弧线的绘制如图 3-6 所示。

D~E　从 A 点沿袖山高向下量取袖长尺寸 54cm，得到袖中线，画出袖口基础线。过 B 点、C 点分别作袖中线的平行线，与袖口基础线相交，从交点处分别向上量取 1cm，得到 D 点和 E 点。取前袖肥 CO 的中点并画袖中线的平行线，与袖口基础线相交于向上 1.5cm 处得到 N 点。取后袖肥 BO 的中点并画袖中线的平行线，与袖口基础线相交得到 M 点，画顺袖口曲线。

P~Q　从 A 点沿袖中线量取袖长/2＋2.5cm，画袖肥线的平行线，得到袖肘线 PQ。

袖山弧线的绘制按图 3-6 中的数据进行，确保线条圆顺、光滑，使曲线富有弹性。

二、女上装和袖原型的推板

约定上装原型基准线是胸围线和前、后中线，袖原型基准线是袖中线和袖肥线，并假设公式中采用的数据（放松量或调节值）不变，计算前、后衣片和袖片上各推板点（放码点）的长度方向和围度方向的推板放缩数值。下面涉及的各点字母与基本板上的相应字母对应。

（一）后片的分析与推板

1. 长度方向的变化量分析（图 3-7）

D 点和 E 点的变化量　这两点都在基准线胸围线上，因此 D 点、E 点的变化量为 0。

A 点的变化量　A 点为后领口中点，由于 AD＝净胸围/6＋7cm，所以 A 点相对于基准线（胸围线）的变化量＝胸围档差/6，即 A 点变化量为 0.67cm。

K 点的变化量　由于后领深＝后领宽/3＝（净胸围/20＋2.9）/3，因此，颈侧点 K 的变化量＝A 点变化量＋后领深变化量＝4/6＋（4/20）/3＝0.67＋0.07＝0.74（cm）。

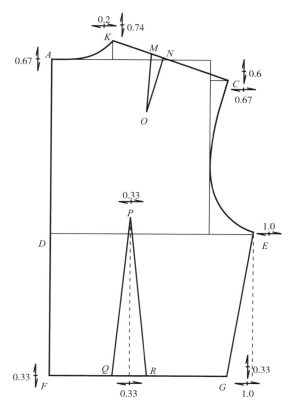

图 3-7 后片各推板点的变化量

C 点的变化量 根据图 3-5 的绘制过程，C 点为肩点，且在长度方向上比 A 点少一个后领深尺寸，则 C 点变化量 = A 点变化量 - 后领深变化量 = 4/6 - （4/20）/3 = 0.67 - 0.07 = 0.6（cm）。

F、Q、R 和 G 点的变化量 整个背长分成 AD 和 DF 两部分，表 3-3 中背长的档差为 1cm，AD 已变化了 0.67cm，那么，腰线上的 F 点变化量 = 1 - 0.67 = 0.33（cm），因腰线与胸围线平行，则腰线上 Q 点、R 点和 G 点的变化量都与 F 点相同，为 0.33cm。

P 点的变化量 根据 P 点的确定过程，后腰省尖点 P 距胸围线是定数（2cm），所以，P 点变化量就是 0。

2. 围度方向的变化量分析

A、D 和 F 点的变化量 这些点都在基准线后中线上，因此，它们的变化量为 0。

K 点的变化量 由于后领宽的计算公式为净胸围/20 + 2.9cm，所以 K 点变化量 = 胸围档差/20 = 4/20 = 0.2（cm）。

C 点的变化量 肩宽是由背宽确定的，背宽 = 净胸围/6 + 4.5cm，则 C 点变化量 = 胸围档差/6 = 4/6 = 0.67（cm）。

E 点的变化量 E 点是袖窿深点，DE = 净胸围/4 + 2.5cm，则 E 点变化量 = 胸围档差/4 = 4/4 = 1（cm）。

G 点的变化量 G 点是腰线上的点，根据净胸围计算得到：净胸围/4 + 2.5cm - 3cm，因此 G 点变化量 = 胸围档差/4 = 4/4 = 1（cm）。

P 点的变化量 P 点是后腰省尖点，可由背宽/2 确定，而背宽 = 净胸围/6 + 4.5cm，则 P 点变化量 = （胸围档差/6）/2 = 4/6/2 = 0.33（cm）。

Q 点和 R 点的变化量 这两点是根据胸围、腰围的尺寸差和 P 点所在位置确定的。推板的原则之一，是使服装的结构造型保持一致。以图 3-8 为例进行分析，假设圆台高度为 h，小圆半径为 r_1，大圆半径为 r_2，高度变化量为 Δh，半径变化量为 Δr，要想保证

图 3-8 腰省变化量模拟示意图

圆台的"形"不变，只要保证夹角 α 不变即可。假设 Δx 为省的变化量，根据推算：$\Delta x =$ $(r_2 - r_1) \cdot \Delta h / h$。据上所述，假设人体的胸围到腰围是一个规则的圆台，那么知道 F 点长度方向的变化量，就可以计算出腰省的变化量，但实际上人体是一个很不规则的曲面，况且省的变化量又很小，因此，在推板过程中，可以保持省的大小不变，以做到服装"形"的相对统一，则 Q 点、R 点、P 点的变化量都为 0.33cm。

3. 确定各放大和缩小的点

根据长度方向和围度方向的计算值，采用垂直和水平的方法标记出相应的放大和缩小的点。上述图 3-7 中的双向箭头，根据推板放缩的约定，远离基准线的箭头表示放大，接近基准线的箭头表示缩小，其余图中双向箭头的含义与此相同。

绘制出缩小和放大的点，如纸样上该部位是直线，就连接相应的两点成直线。

4. 弧线的绘制

（1）后领弧线：弧线的绘制步骤以后领弧线为例，如图 3-9 所示。

根据后领中点 A 和颈侧点 K 的变化量，标出它的缩小和放大点 ［图 3-9 （a）］。

使中间规格纸样的后领中点 A 及后中线与放大规格纸样的对应点、线重合，将从 A 点开始把中间规格纸样大约 1/3 的后领弧线长拓画在放大规格纸样上 ［图 3-9 （b）］。

使中间规格纸样的颈侧点 K 与放大规格纸样的对应点重合，并保证中间规格、放大规格纸样的后中线平行，将从 K 点开始把中间规格纸样大约 1/3 的后领弧线长，拓画在放大规格纸样上 ［图 3-9 （c）］。

把中间规格后领弧线的剩余 1/3 部分与所推纸样上已放大规格的两部分后领弧线对合，使两条后中线的间距与两条肩线的间距相等，画出放大规格纸样剩余 1/3 部分的后领弧线 ［图 3-9 （d）］。最后，修顺后领弧线。

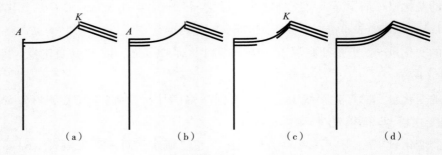

图 3-9 后领弧线连接的方法

同此方法，绘制出缩小规格纸样的后领弧线。

（2）袖窿弧线：袖窿弧线的绘制与后领弧线的绘制方法一样，在拟合的过程中，注意保持对应部位的间距均匀。

除肩省还没有放缩外，大、小规格的轮廓已经画完，各推板点的基准线都是后中线和胸围线。

5. 肩省的推板（图3-10）

根据肩省的绘制过程，可知道肩省只与肩长和颈侧点有关，而与后中线和胸围线无直接关联，图3-5中 $KM=$ 后肩长 $KC/3$cm，$MO=$ 后肩长/2cm，这样做的目的是为了保证在推板时肩省位置及省长有所变化。如果采用定数，如 $KM=4.3$cm、$MO=6.5$cm，那么，推板时省位和省长就不能变化，从人体的角度出发，这样做是不科学的，而

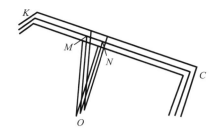

图3-10 肩省推板的示意图

如果以后肩长为变量来计算后肩省的位置和长度，相对而言则比较合理。另外，在进行肩省的推板时，不能以原有的后中线和胸围线作为基准线，而应该参考后颈侧点和后肩长进行辅助绘制。下面以放大规格为例讲解肩省的推板。

测量中间规格、放大规格的肩线长，两者差值为后肩长的档差，则 KM 的变化量为肩长档差的1/3，MO 的变化量为肩长档差的1/2，肩省 MN 大小保持不变。绘制过程如下：

（1）把中间规格、放大规格纸样的肩线及两个颈侧点重合，沿肩线移动中间规格纸样，使两个规格的 K 点间隔肩长档差的1/3。由于省的大小保持不变，此时，中间规格纸样上的 M 点和 N 点就是放大规格纸样上肩省 M 点和 N 点的位置。

（2）保持上一步纸样移动后的位置不动，用锥子垂直通过中间规格的肩省尖点 O，扎透在放大规格的纸样上，此时放大规格与中间规格的肩省长度一样。

（3）为了使放大规格的省长变长，经过扎透的点作后中线的平行线，从该点沿该线向下移动肩长档差的1/2，即为放大规格纸样的肩省尖点。

（4）连接 MO 和 ON，就完成了放大规格纸样的肩省绘制。

同此方法，绘制出缩小规格纸样的肩省。

（二）前片的分析与推

1. 长度方向的变化量分析（图3-11）

D' 点、E 点的变化量　胸围线上的 D' 点和袖窿深点 E 都在基准线上，所以，D' 点、E 点变化量为0。

K' 点的变化量　颈侧点 K' 点借助后领中点 A 绘制而得，所以，K' 点变化量与 A 点变化量相同，为0.67cm。

A' 点的变化量　前领中点 A' 点由前领宽计算而得，而前领宽又与后领宽相关，因此，A' 点变化量 $=K'$ 点变化量 $-$ 前领深变化量 $=0.67-$ 后领宽的变化量 $=0.67-0.2=0.47$（cm）。

C' 点的变化量　前肩点 C' 点变化量 $=K'$ 点变化量 -2 个后领深变化量 $=0.67-2\times$（胸围档差/20）/3 $=0.67-2\times$（4/20）/3 $=0.53$（cm）。

G'、V、F'、R'、T' 点的变化量　这几个点均位于腰线上，与后片腰线上对应点分析一样，由于基准线（胸围线）以上已变化了0.67cm，则 G' 点、V 点变化量都为0.33cm。

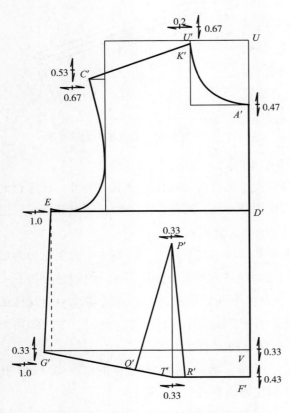

图 3-11　前片各推板点的变化量

VF' 为原型的胸凸量，而胸凸量的大小 = 前领宽/2cm，那么 F' 点变化量 = V 点变化量 + VF' 的变化量 = 0.33 + （4/20）/2 = 0.43（cm）。由于 T' 点、R' 点和 F' 点在同一直线并平行于基准线，所以 T' 点和 R' 点的变化量也是 0.43cm。

P' 点的变化量　P' 点为腰省尖点，根据该点的绘制方法，可以确定该点的变化量为 0。

2. 围度方向的变化量分析（图 3-11）

A'、D'、V、F' 点的变化量　这些点都在基准线前中线上，因此，它们的变化量为 0。

K' 点的变化量　该点为颈侧点，与前领宽有关，K' 点变化量 = 前领宽变化量 = 后领宽变化量 = 0.2（cm）。

C' 点的变化量　该点为前肩点，是由后肩长确定的，而后肩点 C 变化量是 0.67cm，因此，C' 点变化量也是 0.67cm。也可以根据胸宽来计算，胸宽 = 净胸围/6+3cm，则 C' 点变化量 = 胸宽变化量 = 胸围档差/6 = 4/6 = 0.67（cm）。

E 点的变化量　由于 $D'E$ = 净胸围/4+2.5cm，所以袖窿深点 E 点变化量 = 胸围档差/4 = 4/4 = 1（cm）。

G' 点的变化量　该点位于腰线上，是根据净胸围计算得到的，计算公式为净胸围/4+2.5cm+1cm，因此 G' 点变化量 = 胸围档差/4 = 4/4 = 1（cm）。

P'、T'、R' 点的变化量　这几点均位于腰省上，P' 点位置在胸宽的中点左移 0.7cm，而胸宽 = 净胸围/6+3cm，则 P' 点变化量 = （胸围档差/6）/2 = （4/6）/2 = 0.33（cm）。根据 T' 点、R' 点的确定方法，这两点的变化量与 P' 点变化量相同，也是 0.33cm。

Q' 点的变化量　该点属于腰省上的点，位于斜线 $G'T'$ 上，放大规格纸样的 Q' 点确定方法如下：

（1）画出放大规格纸样的 T' 点和 G' 点，连接 $G'T'$ 线。

（2）将中间规格纸样上的 T' 点、$G'T'$ 线与放大规格纸样上的对应点、线重合。

（3）由于腰省大小通常不变，以中间规格纸样上的 Q' 点为准，标记对应点到放大规格纸样的 $G'T'$ 线上，所得之点就是放大规格纸样的 Q' 点。

同此方法，绘制出缩小规格纸样的 Q' 点。

不论是前片还是后片，利用放大和缩小各点所处的位置，形成如图 3-12 所示的女上装原型三个规格的推板效果图。

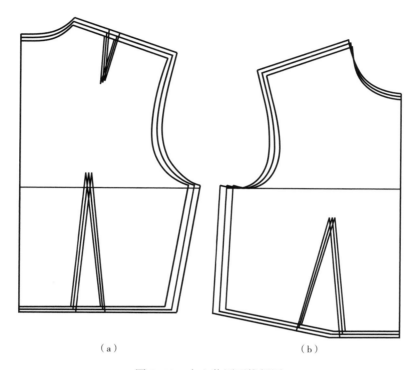

（a） （b）

图 3-12 女上装原型推板图

3. 部分点的变化量可采用近似数值计算

有些点的数据在计算时比较复杂，而且还会产生一定的误差，在实际操作中，可以采用近似的计算数值进行处理。如后颈侧点 K、后肩点 C、前肩点 C'、前腰线上点 R' 和 F' 的变化量，在长度方向上，理论上的计算数值分别是 0.74cm、0.6cm、0.53cm、0.43cm 和 0.43cm，实际采用的对应数值可以是 0.67cm、0.67cm、0.67cm、0.33cm 和 0.33cm，这样做有两个目的：

（1）可以方便计算和操作。虽然同时也产生了误差，但这个误差可以在纸样剪切时给予补足。在实际工作中，建议使用下面的方法：当放缩好一个规格后，接着就把它剪成新纸样，然后，用该放大和缩小的纸样放缩更大或更小规格的纸样，但在剪切每条线之前一定要谨慎考虑。对于放大规格由于计算和操作而产生的差值，采用"在后颈侧点处剪在肩线的外面，然后，缓慢地与肩线交叉，在后肩点处剪在肩线的里面"的方法，这样就补足了此前的差值。操作时，要注意线外线里的尺度。如图 3-13 所示，（a）图沿肩线剪切即可；（b）图沿点划线在线外线里剪切。同理，由于前颈侧点的计算位置不用调整，可直接从前颈侧点开始剪切，直至在前肩点剪切在线里。对前腰线作类似处理。而缩小规格纸样的剪切与上述过程相反处理。

（a）理论上的剪切　　　　　　　　　（b）经近似处理实际的剪切

图 3-13　纸样剪切对比

（2）如果基准线选择合理且部位相关联，前、后两片缝合在一起的对应点变化量就应相等，如后颈侧点和前颈侧点都为 0.67cm，这样便于检查纸样，减少错误的产生。以后涉及该类情况，请大家酌情处理。

（三）袖原型的分析与推板

通常袖窿的周长与胸围有一定的关系，等于 0.45～0.5 倍的胸围尺寸（含放松量），这样袖窿的变化量就是 0.45～0.5 倍的胸围档差，为 1.8～2cm。为便于计算，袖原型推板时取袖窿变化量为 2cm（也可以量取女上装原型推板后大、中、小规格袖窿的实际变化量进行处理）。

1. 长度方向的变化量分析（图 3-14、图 3-15）

B、O、C 点的变化量　这些点都在基准线袖肥线上，所以，它们的变化量为 0。

A 点的变化量　A 点为袖山高点，根据袖山高计算公式，A 点变化量 = 袖窿变化量/4 = 2/4 = 0.5（cm）。

D、E、M、J、N 点的变化量　它们均位于袖口线上，与袖口基础线有关，由于袖长档差是 1.5cm，则 $D = E = M = J = N =$ 袖长档差-袖山高变化量 = 1.5-0.5 = 1（cm）。

P、Q 点的变化量　P、Q 点位于袖肘线上，平行于基准线，根据袖肘线的确定方法，P 点和 Q 点变化量 = 袖长档差/2-袖山高变化量 = 1.5/2-0.5 = 0.25（cm）。

F、G 点的变化量　根据绘图，F 点、G 点位于袖山弧线上，近似等于袖山高的一半，则 $F = G ≈ A$ 变化量/2 = 0.5/2 = 0.25（cm）。

2. 围度方向的变化量分析（图 3-14、图 3-15）

A、O、J 点的变化量　这些点都在基准线袖中线上，所以，它们的变化量为 0。

B、C 点的变化量　B 点、C 点为袖肥点根据图 3-6 原型袖肥的确定方法（$AB =$ 后袖窿弧长+1cm，$AC =$ 前袖窿弧长），对于放大规格纸样，从放大规格的 A 点起，在中间规格袖山斜线 AB、AC 线长度基础上各增加 1cm，量到袖肥线上，得到放大规格

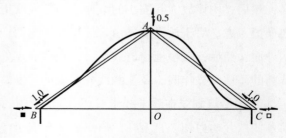

图 3-14　女原型袖肥变化分析图

的 *B* 点和 *C* 点；对于缩小规格纸样，从缩小规格的 *A* 点起，在中间规格袖山斜线 *AB*、*AC* 线长度基础上各缩短 1cm，量到袖肥线上，得到缩小规格的 *B* 点和 *C* 点。这样，就可以测量出它们围度方向的变化量（绝对数值有差异，但很小），分别以标记 "■" 和 "□" 表示 *B* 点、*C* 点的变化量，如图 3-14 所示。

　　P、*Q* 点的变化量　　*P* 点、*Q* 点均为袖肘点，由于 *BD* 和 *CE* 都平行于基准线（袖中线），所以，*P* 点变化量为 "■"，*Q* 点变化量为 "□"。

　　D、*E* 点的变化量　　*D* 点、*E* 点为袖口点，与 *P* 点、*Q* 点同理，即 *D* 点变化量为 "■"，*E* 点变化量为 "□"。

　　F、*M*、*G*、*N* 点的变化量　　根据这些点的确定方法可知，*F* 点、*M* 点变化量为 "■/2"，*G* 点、*N* 点变化量为 "□/2"。

　　确定并绘制出各放缩点后，在弧线部位，利用中间规格的袖山和袖口弧线，仍按图 3-9 所示的方法进行拟合绘制。图 3-16 所示为三个规格的袖原型推板图。

图 3-15　袖原型各放码点的变化量　　　　　　　图 3-16　袖原型推板图

三、裙原型的制板

　　裙原型尺寸参见表 3-4，裙子的腰围尺寸与上装原型的腰围尺寸一样，档差也与上装原型对应。

（一）前裙片的分析与绘制（图 3-17）

$A' \sim E'$　前中基础线 $A'E' = 60$cm（裙长），过 A' 点作垂线，为腰围基础线。

$C' \sim D'$　取 $A'C' = 17$cm，前片臀围 $C'D' =$ 净臀围/4+1.5+1 = 25（cm）。

$B'D'F'$　$B'D'F'$ 为前裙片侧缝线。过 D' 作 $D'J'$ 平行于 $A'E'$，$D'J' = 10$cm，$J'K' = 1$cm，连接 $D'K'$ 并延长，与腰围基础线相交并向右移 1cm，垂直向上 0.7cm 取 B' 点，再与裙摆基础线相交并沿线向上 1cm 取 F' 点。

$Q'R'P'$　$Q'R'P'$ 为前裙片上靠近前中线的省道。由于上装原型前片腰围尺寸为净腰围/4+1.5cm（松量）+1cm，因此，前裙片腰围也是该数值。量取 $A'B'$ 长度减去前裙片腰围尺寸，得到的数值就是收省量，将省量均分为两个大小相同的省。$A'Q'$ 等于上装原型前片腰部的"□"，$P'Q'$ 为第一个省的省宽，取 $P'Q'$ 的中点，过该点作 $P'Q'$ 的垂线，省长为腰臀长的 1/2，得到 R' 点，将 R' 点分别与 P' 点、Q' 点连接。

图 3-17　裙原型的制板图（对应女上装原型）

　　M′S′N′　*M′S′N′* 为前裙片上靠近侧缝的省道。平分线段 *B′P′* 取 *H′* 点，*H′* 点是第二个省的中点，依据省宽，确定 *N′* 点、*M′* 点，过 *H′* 点作 *M′N′* 的垂线，省长与第一个省相同，得到 *S′* 点，将 *S′* 点分别与 *M′* 点、*N′* 点连接。

　　连接并画顺各线，完成前裙片纸样的绘制。

（二）后裙片的分析与绘制（图3-17）

　　A~E　画后中基础线，延长前片腰围基础线与之相交，再向下 1cm 取 *A* 点。*C* 点是臀围线延长与后中基础线的交点。*E* 点是裙摆基础线延长与后中基础线的交点。

　　C~D　后片臀围 *CD*=净臀围/4+1.5−1=23（cm）。

　　BDF　*BDF* 为后裙片侧缝线。过 *D* 点作 *DM* 平行于 *AE*，取 *DM*=10cm，*MN*=1cm，连接 *DN* 并延长，与腰围基础线相交并向左 1.5cm，垂直向上 0.7cm 取 *B* 点，再与裙摆基础线相交并沿线向上 1cm 取 *F* 点。

　　QRP　*QRP* 为后裙片上靠近后中线的省道。由于上装原型后片的腰围尺寸为净腰围/4+1.5cm（松量）−1cm，因此，裙子后片腰围也是该数值。量取 *AB* 长度减去后裙片腰围尺寸，得到的数值就是收省量。后裙片可采用一个省，取 *AQ* 等于上装原型后片腰部的"○"，作出省的大小 *PQ*，取 *PQ* 的中点，过中点做 *PQ* 的垂线，取省长为腰臀长的 2/3，得到 *R* 点，将 *R* 点分别与 *P* 点、*Q* 点连接。

　　连接并画顺各线，完成后裙片纸样的绘制。

四、裙原型的推板

　　约定长度方向基准线是臀围线，围度方向基准线为前、后中线。下面分前裙片和后裙片进行分析并计算各点的变化量。

（一）前裙片的分析与推板

1. 长度方向的变化量分析（图3-18）

　　A′、*Q′*、*P′*、*M′*、*N′*、*B′* 点的变化量　这些点均位于腰线上，从表3-4 中可知腰臀长的档差为 0.5cm，因此，这些点的变化量均为 0.5cm。

　　C′、*D′* 点的变化量　由于这两点都在基准线臀围线上，则 *C′*、*D′* 点的变化量均为 0。

　　E′、*F′* 点的变化量　裙长档差为 2cm，臀围以上部分变化了 0.5cm，则臀围以下部分变化 1.5cm，而 *E′*、*F′* 点均位于裙摆线上，则 *E′*、*F′* 点变化量均为 1.5cm。

　　R′、*S′* 点的变化量　*R′* 点、*S′* 点均为前裙片上的省尖点。省长是腰臀长的 1/2，省尖点相对基准线（臀围线）的距离也是腰臀长的 1/2，而腰臀长的档差是 0.5cm，因此 *R′* 点、*S′* 点的变化量为 0.25cm。

2. 围度方向的变化量分析（图3-18）

　　A′、*C′*、*E′* 点的变化量　这些点都在基准线前中线上，所以，它们的变化量均为 0。

图 3-18　前裙片各推板点的变化量

B' 点的变化量′　B' 点为腰线与侧缝线的交点，前裙片腰围的计算公式为净腰围/4+1.5cm（松量）+1cm，因此 B' 点变化量=腰围档差/4=4/4=1（cm）。

D' 点的变化量　D' 点为臀围线与侧缝线的交点。前臀围的计算公式为臀围/4+1cm，则 D' 点变化量=臀围档差/4=4/4=1（cm）。

F' 点的变化量　F' 点为裙摆线与侧缝线的交点。从图 3-17 的纸样绘制可知，该点与侧缝延长线和裙摆基础线有直接关系，因此，绘制放大规格纸样 F' 点的步骤如下：

（1）绘制出放大规格的侧缝延伸线和裙摆基础线。

（2）使中间规格纸样的侧缝线和裙摆基础线与放大规格的对应线重合。

（3）依中间规格纸样的裙摆线画出放大规格的裙摆线。

同理，绘制出缩小规格的裙摆线。

如果采用近似数值计算，F' 点可以与 D' 点变化量一样，为1cm。

P'、Q'、R' 点的变化量　P'、Q'、R' 点为前裙片上的省点。由于 $A'Q'$ 的大小等于上装原型前片 $F'R'$（图 3-5），而 $F'R'$ 中的 R' 点在围度方向相对于基准线（上装原型前中线）变化 0.33cm，那么裙原型上的 Q' 点变化量相对于基准线（裙原型前中线）也是 0.33cm，由于省 $P'Q'R'$ 的大小不变并保持推板时结构一致，则 P' 点、R' 点的变化量也是 0.33cm。

H'、M'、N'、S' 点的变化量　H'、M'、N'、S' 点为前裙片上的省点。根据该省的绘制方法和推板时 P'、B' 点围度方向的变化量（0.33cm、1.0cm），则 H' 点变化量=（B' 点变化量+P' 点变化量）/2=（0.33+1.0）/2=0.67（cm），由 H' 点确定 M' 点、S' 点和 N' 点，因此，M' 点、S' 点、N' 点变化量=H' 点变化量=0.67（cm）。

确定出各推板点后，使用中间规格裙原型纸样绘制出放大和缩小规格的纸样。裙原型前片的推板效果如图 3-20 所示。

（二）后片的分析与推板

1. 长度方向的变化量分析（图3-19）

A、Q、P、B 点的变化量　这些点均位于腰线上，由于腰臀长的档差为0.5cm，因此，这些点的变化量都是0.5cm。

C、D 点的变化量　这两点都在基准线臀围线上，因此它们的变化量均为0。

E、F 点的变化量　与前片裙摆上对应点分析过程相同，这两个位于裙摆线上的点变化量也为1.5cm。

R 点的变化量　R 点为后裙片上省道的省尖点，省长是腰臀长的2/3，省尖点相对基准线（臀围线）的距离就是腰臀长的1/3，而腰臀长的档差是0.5cm，因此，R 点变化量=0.5/3=0.17（cm）。

2. 围度方向的变化量分析（图3-19）

A、C 和 E 点的变化量　这些点都在基准线后中线上，因此它们的变化量均为0。

B 点的变化量　后片腰围计算公式为净腰围/4+1.5cm（松量）−1cm，因此，腰线与侧缝线的交点 B 点变化量=腰围档差/4=4/4=1（cm）。

D 点的变化量　后片臀围计算公式为臀围/4+1cm，则臀围线与侧缝的交点 D 点变化量=臀围档差/4=4/4=1（cm）。

F 点的变化量　该点是裙摆线与侧缝线的交点，与前裙片 F' 点的分析及绘制过程一样。如果采用近似数值计算，该点可取1cm。

P、Q 和 R 点的变化量　P、Q、R 为后裙片上的省点，由于 AQ 的长度等于上装原型后片 FQ（参见图3-5），而 FQ 中的 Q 点在围度方向相对于基准线（上装原型后中线）变化0.33cm，那么裙原型上的 Q 点变化量相对于基准线（裙原型后中线）也是0.33cm，由于省 PQR 的大小不变并保持推板时结构一致，则 P 点、R 点的变化量也是0.33cm。

确定出各推板点后，使用中间规格裙原型纸样绘制出放大和缩小规格的纸样。裙原型后片的推板效果如图3-20所示。

图3-19　后裙片各推板点的变化量

（a）　　　　　　　　　　　（b）

图 3-20　裙原型的推板图（对应女上装原型）

五、女装原型的推板重点

前面讲述了女装原型制板和推板的方法及过程，从中应掌握以下重点：

（1）正确理解和运用推板的两个原则。

（2）合理约定基准线位置。

（3）正确分析各推板点长度方向和围度方向的变化数值。

（4）合理使用中间规格纸样绘制曲线和一些特殊的部位。

女上装原型 5·3 系列的推板分析和效果参见本书附录 E。

本章思考题

1. 工业推板的概念及常用的方法。

2. 如何做到推板中"量"和"形"的统一？

3. 四开身女西服的基准线如何约定？

4. 档差的概念是什么？如何理解规则推板和均匀推板？表 3-5 所示为某品牌羊绒衫男女号型系列与成品胸围尺寸的搭配数据，分析其号型和档差。

表 3-5　某品牌羊绒衫号型系列与胸围规格　　　　　　单位：cm

男子号型	160/84A	165/88A	170/92A	175/96A	175/100B	180/104B
胸围	100	105	110	115	120	125
女子号型	155/80A	160/84A	165/88A	170/92A	170/96B	175/100B
胸围	85	90	95	100	105	110

5. 练习女装原型袖窿在放缩时的绘制。

6. 练习女装原型中肩省的放缩。

7. 在裙原型的尺寸表中，有一项是腰臀长，它的档差为 0.5cm，结合国家标准，思考使用该数值是否合理？

8. 在前片原型中，通过转省，把部分胸省转移到侧缝（腋下）中，前片纸样如何绘制并放缩？如果部分转移到袖窿或肩部或领口中，纸样又如何放缩？

9. 在本章所介绍的女装原型推板中，约定了计算公式中的数据（放松量或调节值）都不作变化。那么，在推板时，线性推板或是正比例推板哪种更科学？如何变化？

10. 在纸样的推板中，放松量是否需要变化？举例说明。

典型款式分析及实践应用——

典型款式的工业制板

课题内容：1. 西服裙。

2. 塔裙。

3. 男西裤。

4. 牛仔裤。

5. 男衬衫。

6. 分割线夹克。

7. 插肩袖夹克。

8. 女西装。

9. 男西服。

上课时数：56课时

教学提示：分析每种款式的结构图和规格尺寸表，按照企业生产的要求结合服装结构的知识进行基础纸样设计，同时剖析各部位的档差，将其科学合理地分配到各放码点，利用基础纸样进行推板实验。在学生进行实习时，教师应及时了解和解决出现的各种问题。

教学要求：1. 了解典型服装款式的结构。

2. 掌握各规格尺寸之间的关系。

3. 了解企业如何进行纸样设计。

4. 掌握档差的合理分配。

5. 了解各规格间纸样的核对。

6. 通过实践，加深对推板的理解，使之做到举一反三。

7. 对类似款式，尽可能采用订单式教学。

课前准备：了解每个案例的具体分析过程，对一些比较复杂的结构准备好相关纸样，便于在教学中分析。

第四章　典型款式的工业制板

服装的款式多种多样，结构也各有特点。对于一些常见的款式，针对其不同特点可采用不同的纸样处理方法。首先从绘制该款式的基本纸样着手，分析纸样结构的组成，然后以该纸样为基准进行推板。为便于说明，本书只对基本纸样各放大和缩小一个规格，绘制出的纸样为全套的裁剪纸样或净纸样及部分工艺纸样，这样可以反映在实际工业生产中所用纸样的情况。

第一节　西服裙

一、款式说明、示意图及规格尺寸

西服裙经常在女套装中使用，由一片前片和两片后片组成。前片共有四个省，每个省的大小通常是2cm，长度是腰臀长的一半，前中处有一暗裥，大小为16cm。每片后片各有两个省，每个省的大小多为2cm。后中处缅隐形拉链，长度是15cm；后开衩的长度是20cm，宽度是4cm，采用右后片压左后片的形式。使用全里形式，裙里下摆悬空；在侧缝处用线襻连接里料折边与大身面料折边。腰头宽3cm，后腰头也采用右腰头压住左腰头的形式，重叠量为3cm，宝箭头的大小是1cm。图4-1所示为西服裙的款式结构示意图，表4-1所示为西服裙的成品规格尺寸，档差根据国家标准而定，其中中间规格M的号型是160/66A。

前身　　　　　　　　后身

图4-1　西服裙款式结构示意图

表 4-1　西服裙成品规格尺寸　　　　　　　　　　　　单位：cm

部位	规格			档差
	S	M	L	
腰围	66	68	70	2
臀围	92.4	94	95.6	1.6
腰臀长	15.5	16	16.5	0.5
裙长	57.5	60	62.5	2.5

注　1. 在设计制板尺寸时，不含其他任何影响成品规格的因素，如热缩率、缩水率等。

　　2. S 规格对应国家标准中的 155/64A，L 规格对应 165/68A。

　　3. 腰围的放松量是 2cm，臀围的放松量是 6cm，腰臀长和裙长的尺寸不包括 3cm 的腰头宽。

二、基本纸样的分析及绘制

为了保证基本纸样的清晰，有些纸样生产符号（如布纹符号）在后面的推板图中列出。

（一）前片（图 4-2）

$A \sim E$　前中基础线，两点间的长度 = 腰口缝份 AA_1（1cm）+ 裙长 A_1E_1（60cm）+ 裙折边宽 E_1E（3cm）= 64（cm）。

$A_2 \sim A_3$　取 AA_2 = 8cm（暗裥宽度的一半），画 A_2A_3 线平行于前中基础线 AE，长度与 AE 相等（请注意图中暗裥的结构和表示方法）。在 A_2A_3 处采取对折处理。

$A \sim B$　过 A_1 点画腰围基础线，取 A_1B_2 = 腰围尺寸/4+1+2（省量）+2（省量）= 68/4+5 = 22（cm），从 B_2 垂直向上 0.7cm 至腰侧净点 B_1，向左向上各加出 1cm 的缝份，为腰侧缝点 B，画顺腰口毛缝线 AB。

$C \sim D$　取腰臀长 A_1C = 16 cm，过 C 点画臀围基础线，量取 CD_1 = 臀围尺寸/4+1 = 24.5（cm），DD_1 为侧缝的缝份（1cm）。

$D \sim G_1$　过 D 点作垂直线与裙摆基础线相交于 G_1。

$G_1 \sim G$　根据裙子的结构、长度和穿着时的方便、合体程度等，在裙摆侧缝处收进一定的尺寸，前片侧缝下摆向右收进 2cm 至 G 点，画顺侧缝曲线 BDG。

$A_3 \sim F$　连接 A_3 点和 E 点并延长至 F 点，F 点是以裙摆基础线为对称，切割侧缝 BDG，翻折而得，为裙折边线，连接 GF 作折边侧缝线。

前腰省　腰省采用平分前腰围的方法定位，即（腰围尺寸/4+1）/3 = 18/3 = 6（cm），从 A_1 点沿净腰线向左移 6cm，画第一个省，宽度为 2cm，长度为腰臀长的一半；再向左移 6cm，画第二个省，宽度为 2cm，长度也是腰臀长的一半，连接好两个省，省尖点分别是 O 点和 R 点，与腰口的交点分别为 M 点、N 点、P 点和 Q 点。

图4-2　前片裁剪纸样

（二）后片（图4-3）

延长前片中的腰围基础线、臀围线、裙摆基础线、裙摆折边线。

$A\sim C$　过 C 点作臀围线 CD 的垂线 AC 为后中毛缝线，再右移1cm的缝份作垂线 A_1H_1 为后中基础线。

$A\sim B$　为满足后腰部体型的需要，将腰围基础线与后中基础线的交点向下1cm为 A_1 点。取 A_1B_2 ＝腰围尺寸/4−1+2（省量）+2（省量）＝68/4+3＝20（cm），从 B_2 垂直向上 0.7cm至腰侧净点 B_1，画圆顺曲线 A_1B_1 并修正使其等于20cm，再向右向上各加出1cm的缝份，为腰侧缝点 B，画顺腰毛缝线 AB。

图 4-3 后片裁剪纸样

$C_1 \sim D_1$ 后臀围 C_1D_1 = 臀围尺寸/4-1=22.5（cm），DD_1 为侧缝的缝份（1cm）。

$D \sim G_1$ 过 D 点作垂直线与裙摆基础线相交于 G_1。

$G_1 \sim G$ 与前裙片相同，侧缝下摆向左收进 2cm 至 G 点，画顺侧缝曲线 BDG。

$E \sim F$ 裙折边线，F 点是以裙摆基础线为对称，切割侧缝 BDG，翻折而得连接 GF 作折边侧缝线。

后腰省 后腰省定位方法与前腰省相同，即（腰围尺寸/4-1）/3=16/3=5.3（cm），将 A_1 点沿后净腰线右移 5.3cm，画第一个省，宽度为 2cm，长度为腰臀长的 2/3（图中取

10cm）；再右移 5.3cm，画第二个省，宽度也为 2cm，长度也为腰臀长的一半，每个省的中心线垂直于净腰线，分别连接好每个省，省尖点分别是 O 点和 R 点，而与腰口的交点分别是 M 点、N 点、P 点、Q 点。

后开衩　后开衩的长度要考虑裙子的长度，并与之匹配，一般取臀围线至裙折边线的 1/2 处。由于在款式说明中已知开衩长 20cm，因此，在图中开衩长度为 20cm，宽度为 4cm，缝份的加放如图 4-3 所示。

（三）裙里

由于该西服裙的后裙片开衩采用右后片压住左后片的加工工艺，且两后片大小相同，裙子采用全衣里的加工工艺，所以，左、右后片裙里的纸样不同，图 4-3 所示后片开衩中的 E_1E 是左后裙里的开衩，H_2H_3 是右后裙里的开衩；前裙片里采用对折处理（参见图 4-2 中的前片纸样图）。裙里裁剪纸样的长度至裙摆基础线，不包括折边宽度。

（四）腰头（图 4-4）

净腰头的宽度是 3cm，长度是腰围尺寸加重叠量 3cm 及 1cm 的宝箭头宽，腰衬的宽度和长度与净腰头的尺寸一样；腰头的裁剪纸样宽度 = 两倍的腰头宽 + 两个缝份 = 2×3+2×1 = 8（cm），长度 = 腰围 +3+1+ 两个缝份 = 68+4+2 = 74（cm）。

图 4-4　腰头和腰衬裁剪纸样

三、推板

了解了西服裙的制板过程，就可以进行推板。确定裙子的长度方向基准线为臀围线，围度方向基准线为前、后中基础线，下面分前片和后片计算各推板点的长度方向和围度方向的推板数值。

（一）前片的分析与推板（图 4-5）

1. 长度方向的变化量分析

A_2、A、M、N、P、Q、B 点的变化量　这几个点均为腰线上的点，由于腰臀长的档差为 0.5cm，因此这些点的变化量都是 0.5cm。

C、D 点的变化量　这两点都在基准线臀围线上，则 C 点、D 点的变化量都是 0。

图 4-5　前片裁剪纸样推板

A_3、F 点的变化量　裙长档差为 2.5cm，臀围以上已变化了 0.5cm，则臀围以下就变化 2.0cm，因 A_3 点和 F 点位于裙摆线上，故 A_3、F 点变化量为 2.0cm。

O、R 点的变化量　O 点、R 点分别为前片上的两个省的省尖点，由于省长度是腰臀长的 1/2，省尖点相对于基准线的距离也是腰臀长的 1/2，而腰臀长的档差是 0.5cm，因此 O 点、R 点变化量 = 0.5/2 = 0.25（cm）。

2. 围度方向的变化量分析

A、C 点的变化量　这两点都在基准线前中线上，所以它们的变化量都为 0。

A_2、A_3 点的变化量　通常暗裥的大小不变，则 A_2、A_3 点变化量为 0。

B 点的变化量　B 点为腰线与侧缝线的交点，前片腰围的计算公式为腰围尺寸/4+1cm+4cm（省量），因此，B 点变化量 = 腰围档差/4 = 2/4 = 0.5（cm）。

　　D 点的变化量　　D 点为臀围线与侧缝线的交点，前片臀围的计算公式为臀围尺寸/4+1cm，则 D 点变化量＝臀围档差/4＝1.6/4＝0.4（cm）。

　　F 点的变化量　　该点是侧缝线与裙摆线的交点，通过 D 点计算而得，因此，F 点变化量＝D 点变化量＝0.4（cm）。

　　M、N、O 点的变化量　　M、N、O 点为前片上的省点，根据该省的绘制方法，它到 A 点的实际距离是前片净腰围的 1/3，因此，省点 M、N、O 点变化量＝（腰围档差/4）/3＝2/4/3＝0.17（cm）。

　　P、Q、R 点的变化量　　P、Q、R 点为前片上的省点，根据该省的绘制方法，它到 A 点的实际距离是前片净腰围的 2/3，因此，P、Q、R 点变化量＝2×（腰围档差/4）/3＝2×2/4/3＝0.33（cm）。

　　确定出各推板点后，使用中间规格裙原型纸样绘制出放大规格和缩小规格的纸样。

（二）后片的分析与推板（图 4-6）

1. 长度方向的变化量分析

　　A、M、N、P、Q、B 点的变化量　　这些点均位于腰线上，由于腰臀长的档差为 0.5cm，因此，这些点的变化量都是 0.5cm。

　　C、D 点的变化量　　这两点都在基准线臀围线上，则 C 点、D 点的变化量都是 0。

　　E、F 点的变化量　　E、F 点均为裙摆线上的点，和前片裙摆线上的点 A_3 和 F 相同，变化量都是 2.0cm。

　　E_1、E_2 点的变化量　　E_1、E_2 点均为开衩上的点，假设开衩长度的变化量是 0.5cm，由于 E 点变化了 2.0cm，则 E_1、E_2 点变化量＝E 点变化量−0.5＝2.0−0.5＝1.5（cm）。

　　O 点的变化量　　O 点为后片中靠近后中线的省尖点，该省长度是腰臀长的 2/3，则 O 点相对于基准线的变化量是腰臀长档差的 1/3，即 O 点变化量＝0.5/3＝0.17（cm）。

　　R 点的变化量　　R 点为后片中靠近侧缝的省尖点，该省长度是腰臀长的一半，则 R 点的变化量也是腰臀长档差的一半，即 R 点变化量＝0.5/2＝0.25（cm）。

2. 围度方向的变化量分析

　　A、C、E_1、E_2、E 点的变化量　　这些点都在基准线后中线上，它们的变化量都为 0。

　　B 点的变化量　　B 点为腰线与侧缝线的交点，后片腰围计算公式为腰围尺寸/4−1cm+4cm（省量），因此，B 点变化量＝腰围档差/4＝2/4＝0.5（cm）。

　　D 点的变化量　　D 点为臀围线与侧缝线的交点，后片臀围计算公式为臀围尺寸/4−1cm，则 D 点变化量＝臀围档差/4＝1.6/4＝0.4（cm）。

　　F 点的变化量　　F 点为裙摆线与侧缝线的交点，该点是通过 D 点计算出来的，因此，F 点变化量＝D 点变化量＝0.4（cm）。

　　M、N、O 点的变化量　　M、N、O 点为后片上的省点，根据该省的绘制方法，M 点到 A 点的实际距离是后片净腰围的 1/3，因此，M、N、O 点变化量＝（腰围档差/4）/3＝

2/4/3＝0.17（cm）。

图4-6 后片裁剪纸样推板

P、*Q*、*R*点的变化量 *P*、*Q*、*R*点为后片上的省点，根据该省的绘制方法，*P*点到*A*点的实际距离是后片净腰围的2/3，因此，*P*、*Q*、*R*点变化量＝2×（腰围档差/4）/3＝2×2/4/3＝0.33（cm）。

确定出各推板点后，使用中间规格裙原型纸样绘制出放大规格和缩小规格的纸样。

（三）腰头的分析与推板（图4-7）

由于腰围的档差是2cm，则腰头长的变化量也是2cm，在进行腰头纸样的推放时，只需在腰头的一端放缩2cm即可。图4-7所示为腰头的裁剪纸样，腰衬纸样的放缩与腰头纸样的放缩相同。

图4-7 腰头和腰衬裁剪纸样推板

（四）裙里的分析与推板

前片裙里的推板与前裙片的裁剪纸样推板相同，如图4-5所示前片裁剪纸样推板的裙摆基础线中，三条线分别表示大、中、小规格的裙里折边线。

后片裙里的推板也与后裙片的裁剪纸样推板相同，如图4-6所示后中开衩上的 H 点和 H_2 点在长度方向的变化量也与后片面上开衩点 E_1 在长度方向的变化量相等，为 1.5cm，应注意后裙里左、右片中大、中、小规格的连线。

本节思考题

1. 省略符号能否用在基础（中间）纸样中？能否在推板中使用？

2. 在西服裙的推板图中，在前、后片的腰线侧缝处，围度方向的变化量是 0.5cm，如果该变化量采用臀围围度的变化量 0.4cm，那么，省道如何处理？

3. 试把图4-5和图4-6中西服裙裙里纸样从前裙片和后裙片纸样中分离出来。

4. 在绘制后裙片纸样的开衩时，如果其中的一片纸样开衩设计成 8cm 宽，另一片纸样的开衩仍是 4cm 宽，那么，裙里纸样如何处理？

5. 斜裙、多片裙如何放缩？

6. 圆裙如何放缩？

第二节 塔裙

本节以一份订单实例来说明塔裙的结构、尺寸数据分析、制板和放缩的过程。

一、款式说明、示意图及规格尺寸

该塔裙款式结构示意图如图4-8所示，塔裙由三节面料组成，每两节连接处抽有碎褶；第一节和第二节分别由两片前片和一片后片构成，第三节由两片前片和两片后片构成；前中开口，门、里襟上分别锁眼、钉扣；腰头上有一平头扣眼和四个串带襻，腰两侧车缝有橡筋带，塔裙内衬半裙里，裙里两边侧缝处各有一个开衩。该塔裙使用的面料幅宽为120cm，不用水洗。其成品规格尺寸如表4-2所示。塔裙正面、反面的结构剖析图和相关尺寸等如图4-9所示。

前身　　　　　　　　后身

图4-8　塔裙款式结构示意图

表4-2　塔裙成品规格尺寸

单位：cm

部位	规格			档差
	S	M	L	
腰围	56	60	64	4
臀围	96	100	104	4
裙长	85	85	85	0

注　1. 在设计制板尺寸时，不含其他任何影响成品规格的因素，如缩水率等。

　　2. 裙长中包括腰头的宽度4cm。

二、基本纸样的分析及绘制

(一) 前片及后片

1. 门襟

如图4-9 (a) 塔裙正面结构分析图所示，门（贴）襟的宽度为3cm，长度等于裙长减去腰头宽，即 85-4=81cm。

　　从塔裙正面分析门襟，其缝型构成有四种方法，如图4-10所示，（a）图表示门襟贴在裙子的正面；（b）图表示前裙片翻卷在面料正面；（c）图表示门襟夹住裙子前片并且三层一起车缝两行线迹；（d）图表示门襟夹住裙子前片而只有一行线迹把三层车缝在一起。根据图4-9（b）进行塔裙反面结构分析。由于该塔裙采用半裙里的缝制工艺，从图4-10中（a）图和（b）图所示的缝制工艺分析，前中线处的裙里无法与前裙片缝合在一起。图4-9（b）塔裙反面 A' 处的示意图则表示了门襟和裙里的缝型结构，很明显图4-10中（c）图也应排除，唯一留下的图4-10中（d）图恰好与 A' 处缝型一致。从这个分析过程可以看出不同的缝型不仅影响门襟毛板的宽度，而且也将影响裙子前片的制板，所以在绘制纸样之前，一定要全面分析服装结构，而不能草率从事。

　　门襟裁剪纸样长度的确定不仅要分析裙子的长度，还要了解门襟的缝制工艺。在图

（a）正面结构分析

图4-9 塔裙正面和反面结构分析

图4-10 门襟处缝型结构

4-9（b）中，裙片右下角 L' 是原订单中绘制的工艺缝制结构图，通过纸样的折叠，可以做到与该结构相同的效果，但按照常规的缝制工艺方法则不能实现，因此把结构图修改成

裙片左下角 K' 的形状，其目的不仅是为了简化工艺，而且使结构更合理。因此，在绘制服装结构图时一定要注意服装结构线的组成，既不能少也不能多。另外，裙底边的缝制是采用三卷边的工艺，参见图 4-9（a）塔裙正面结构分析中裙底边处的缝型结构图，它的宽度是 1.5cm。

所以，门襟裁剪纸样的长度 = 1 个缝份（1cm）+裙长-腰宽+两倍的卷边宽 = 1+85-4+2×1.5 = 85（cm），宽度 = 门襟贴边宽×2+两个缝份宽（1cm）= 8（cm）。门、里襟裁剪纸样如图 4-11 所示。

图 4-11　门、里襟裁剪纸样

2. 塔裙第一节

塔裙各节净纸样如图 4-12 所示。

长度　塔裙的第一节由两个前片和一个后片组成，三片净长相同，可以从扣位的分配计算出它的长度，RW = 7-4/2+7.5+7.5 = 20（cm），那么，裁剪纸样的长度 = RW+两个缝份 = 20+2×1 = 22（cm）。

围度　对于普通裙子而言，一般前臀围 = 臀围/4+1cm，后臀围 = 臀围/4-1cm，但塔裙的结构可以采用方形的裁剪，然后，以抽碎褶的加工工艺缝制而成，这样侧缝线的位置可稍作调整。因此为了计算方便，塔裙各片的前、后臀围采用相同的计算公式，即臀围/4。由于中间规格的臀围尺寸是 100cm，则前臀围 = 后臀围 = 100/4 = 25（cm），前片净纸样的围度 CR 或 EW = 前臀围-净门襟宽度/2 = 25-3/2 = 23.5（cm），塔裙第一节前片围度的裁剪尺寸（简称：前塔 1，以下采用类似简称）= 前片净纸样的围度+两个缝份宽 = 23.5+2 = 25.5（cm），后片净纸样的围度 = 后臀围×2 = 25×2 = 50（cm），后塔 1 围度的裁剪尺寸 = 后片净纸样的围度+两个缝份宽 = 50+2 = 52（cm）。

3. 塔裙第二节

长度　第二节的三片净纸样长度与第一节长度的计算方法一样，DF = EG = ST = UV = 7.5×3+3.5 = 26（cm），则裁剪纸样的长度 = 第二节净纸样长度 DF+两个缝份宽 = 26+2×1 = 28（cm）。

围度　根据图 4-9（a）所示塔裙正面腰头的缝制方法，整个腰围中有三部分采用抽碎褶，另有两部分采用橡筋收缩腰口。中间规格成品的腰围尺寸是 60cm，而前后片制板的整个腰围尺寸为 100cm，则腰围的收缩量为 40cm，一半的收缩量为 20cm，在图 4-12 中，CX 和 YZ 两部分抽碎褶，XY 部分通过橡筋收缩产生碎褶，为了使这三部分产生均匀的碎褶效果，应采用下面的算法：

前塔 1 净纸样 CR = 23.5cm，后塔 1 净纸样 BR = 25cm，两部分共收缩 20cm，设前塔 1

图 4-12 塔裙各节净纸样示意

净纸样的收缩量为 x，则

$$\frac{23.5}{25} = \frac{x}{20 - x}$$

解得 $\qquad x = 9.7$

也就是说，应在前塔 1 净纸样围度 23.5cm 的基础上收缩 9.7cm，即为 13.8cm；在后塔 1 净纸样围度 25cm 的基础上收缩 10.3cm，即为 14.7cm，这样塔裙第一节的前、后裙片在腰口部位收褶的效果就均匀一致了。

从理论上分析，第二节与第一节收缩的效果应与第一节腰口收缩的效果一致，即前塔 2 净纸样围度的缝制收缩为 23.5cm 后的效果应与前塔 1 净纸样的围度 23.5cm 缝制收缩为 13.8cm 的效果一样，那么，前塔 2 的净纸样围度 y 按以下公式计算：

$$\frac{13.8}{23.5} = \frac{23.5}{y}$$

解得 $\quad\quad\quad\quad\quad\quad\quad\quad y = 40$

前塔 2 围度的裁剪尺寸 = 前塔 2 的净纸样围度 y（ES）+ 两个缝份宽 = 40 + 2 = 42（cm）。

同理，一半的后塔 2 的净纸样围度 z 的计算如下：

$$\frac{14.7}{25} = \frac{25}{z}$$

解得 $\quad\quad\quad\quad\quad\quad\quad\quad z = 42.5$

后塔 2 围度的裁剪尺寸 = 后塔 2 的净纸样围度 z（DU）×2+ 两个缝份宽 = 42.5×2+2 = 87（cm）。

4. 塔裙第三节

长度　第三节的四片纸样长度都相等，$FK = GL = PQ = MN = 7.5 - 3.5 + 7.5 + 23.5 = 35$（cm），则裁剪纸样的长度 = 一个缝份宽 + FK 的大小 + 两倍的卷边宽 = 1 + 35 + 2×1.5 = 39（cm）。

围度　第三节由两个前片和两个后片组成，它的处理与第二节处理的方法一样，具体的计算过程如下：

设前塔 3 的净纸样围度为 m，则有：

$$\frac{23.5}{40} = \frac{40}{m}$$

解得 $\quad\quad\quad\quad\quad\quad\quad\quad m = 68.1$

前塔 3 围度的裁剪尺寸 = 前塔 3 的净纸样围度 m（GP）+ 两个缝份宽 = 68.1+2 = 70.1（cm）。

同理，后塔 3 的净纸样围度 n 的计算如下：

$$\frac{25}{42.5} = \frac{42.5}{n}$$

解得 $\quad\quad\quad\quad\quad\quad\quad\quad n = 72.3$

后塔 3 围度的裁剪尺寸 = 后塔 3 的净纸样围度 n（FM）+ 两个缝份宽 = 72.3+2 = 74.3（cm）。

（二）裙里

根据图 4-9（b）塔裙反面结构分析图，可以看到裙里由两个前片和一个后片组成，在侧缝处有两个长为 15cm 的开衩，裙里的长是 50cm，则 $B'C' = 50 - 15 = 35$（cm）。一般说来，立裆深（腰围线与横裆线之距离）尺寸在 24cm 左右，根据现有裙里的长度计算，横裆线以下也有 11cm（35-24cm）左右。如果裙里以臀围尺寸（M 规格为 100cm）作为塔裙裙里的制板尺寸，加上有两个开衩，整个裙里下摆肯定不会影响人在穿着该塔裙时的正常行动，只有在这个前提下，才能真正分析前、后裙里的围度尺寸。

通常，塔裙前、后片面的侧缝应该与裙里的侧缝对合，也就是说，裙里的围度大小可以引用塔裙第一节的围度尺寸，因此，前裙里围度的净尺寸为 23.5cm，后裙里围度的净尺寸为 $25 \times 2 = 50$（cm），同时在开衩处为了方便三卷边的缝制，多留出 0.4cm。虽然图中是以三角的方式绘制开衩，但在实际制板时，开衩仍画成与下摆垂直的形式，这样做的目的是便于缝制加工。因此，前裙里围度的裁剪尺寸 = 两个缝份宽（各 1cm）+23.5 = 25.5（cm）；后裙里围度的裁剪尺寸 = 两个缝份宽（各 1cm）+50 = 52（cm）；由于裙里在下摆处采用 1cm 宽的三卷边缝制工艺，则裙里裁剪纸样长度：一个缝份宽+50+两倍的卷边宽 = $1 + 50 + 2 \times 1 = 53$（cm），开衩的制板长度 = 一个缝份宽+15+两倍的卷边宽 = $1 + 15 + 2 \times 1 = 18$（cm）。

（三）腰头

从图 4-9（a）中可知，塔裙的整个腰头可以分成 5 部分：从左止口边到第一个串带襻的右侧，第一个串带襻的右侧到第二个串带襻的左侧，第二个串带襻的左侧到第三个串带襻的右侧，第三个串带襻的右侧到最后一个串带襻的左侧，最后一个串带襻的左侧到右止口边。其中，从左止口边到第一个串带襻的右侧与最后一个串带襻的左侧到右止口边是对称的；第二个串带襻的右侧与第三个串带襻的左侧是以后中线为对称的；第一个串带襻的右侧到第二个串带襻的左侧和第三个串带襻的右侧到最后一个串带襻的左侧也是对称的，并且这两部分中车缝有橡筋，图中的绘制表示橡筋在拉直时的状况。再观察图 4-12 的腰头，它以后中为对称表示，根据图 4-9（a）中提供的尺寸，再看图 4-12，$AX = 10cm$，$YZ = 8.5cm$，虽然整个腰围是 60cm，一半的腰围 BZ 收缩后的尺寸是 30cm，那么 XY 是否就等于 30-（10-1.5）-8.5，即 13cm 呢？答案是否定的。因为这部分是通过橡筋的自然收缩而达到塔裙第一节腰口在该处产生碎褶，而不是像 AX 中 CX 以及 YZ 两部分是采用工艺的方法实现的抽碎褶。现在知道 XY 收缩后的尺寸是 13cm，是否橡筋的长度就是 13cm 呢？答案也是否定的。因为橡筋在与面料一起车缝后，不可能做到 100% 的收缩。

可以通过实验的方法测出橡筋的收缩率，实验采用的面料和缝制工艺应与实际生产加工腰头的方法一样。假设实验测出的橡筋收缩率是 88%，已知 XY 收缩后的尺寸是 13cm，通过计算，橡筋的净尺寸应是 11.5cm。前面已经分析半腰围的收缩量是 20cm，为了使 CX、YZ 和 XY 对塔裙第一层腰口的收缩效果相同，下面计算橡筋部分应该收缩的大小，假设收缩量为 x，则

$$\frac{半腰围 - BX - YZ}{CX + YZ} = \frac{30 - (10 - 1.5) - 8.5}{10 - 3 + 8.5} = \frac{x}{20 - x}$$

解得 $x \approx 9$

那么，XY 的实际尺寸就是橡筋的净尺寸加橡筋部分收缩的大小，即 $XY = 11.5 + 9 = 20.5$（cm）。整个腰头的净尺寸：$(AX + XY + YZ) \times 2 = (10 + 20.5 + 8.5) \times 2 = 78$（cm）；腰头的裁剪纸样尺寸：腰头净尺寸+两个缝份宽=78+2=80（cm）；橡筋的裁剪纸样尺寸：11.5+2=13.5（cm）。订单中规定橡筋宽度是 3.5cm（参见图 4-12 中的橡筋净纸样），而橡筋宽度就是它的制板宽度，因此，橡筋宽度的制板尺寸就是 3.5cm，这片纸样是裁剪纸样中的辅助纸样。

由于腰头的宽度是 4cm，那么，腰头裁剪纸样的制板宽度就是两个净腰宽加两个缝份宽，即 $4 \times 2 + 2 \times 1 = 10$（cm）。

腰头上共有 4 个串带襻，订单中指定每个串带襻的长度是 5.5cm，宽度是 1.2cm，那么，4 个串带襻要连在一起绘制成一片裁剪纸样，长度的制板尺寸=$(5.5 + 3.5) \times 4 = 36$（cm），宽度的制板尺寸通常是 2.5cm。

三、推板

订单上提供的腰围和臀围档差都是 4cm，而国家标准中 5·2 号型系列的腰围、臀围的档差都是 2cm，对于这点，在工业制板中可以撇开标准，按订单的要求去做。由于塔裙的纸样都是方形，基准线的确定相对而言就比较简单，下面分别推算各纸样的放大和缩小的数据。

（一）前片的分析与推板

1. 门、里襟

依据表 4-2 所示的规格尺寸，可知裙子的长度档差为 0，宽度则采用定数 3cm，因此，三个规格的门襟和里襟裁剪纸样长度和宽度都不变。

2. 前塔 1

图 4-13 所示为前塔 1 裁剪纸样的推板图。根据围度的计算公式，前塔 1 = 臀围/4 - 1.5cm + 2cm，则其围度档差=臀围档差/4=1cm，即前塔 1 放大和缩小量各为 1cm。因整个裙子的长度不发生变化，所以，前塔 1 的长度方向不变。

3. 前塔 2

如图 4-14 所示，由于前塔 2 围度的尺寸是根据前塔 1 计算得出的，因此放大规格，前塔 1 净纸样 $CR = 24.5$cm，放大规格后塔 1 净纸样 $BR = 26$cm，两部分也共收缩 20cm，假设放大规格前塔 1 净纸样的收缩量为 x，则

$$\frac{24.5}{26} = \frac{x}{20 - x}$$

解得 $x = 9.7$

也就是说，放大规格在抽碎褶时，应在前塔 1 净纸样围度 24.5cm 的基础上收缩

图 4-13 塔裙第一节裁剪纸样推板

图 4-14 塔裙第二节裁剪纸样推板

9.7cm，即为 14.8cm；后塔 1 净纸样在围度 26cm 的基础上收缩 10.3cm，即为 15.7cm。

根据推板的原则——服装的结构造型应保持一致，设放大规格前塔 2 的净纸样围度是 y，则

$$\frac{14.8}{24.5} = \frac{24.5}{y}$$

解得

$$y = 40.56$$

则放大规格前塔 2 围度与中间规格前塔 2 围度之差为 40.56-40.02＝0.54（cm），约为 0.5cm。

那么，在缩小规格中，前塔 1 净纸样 CR＝22.5cm，后塔 1 净纸样 BR＝24cm，两部分也共收缩 20cm，同样假设，缩小规格前塔 1 净纸样的收缩量也为 x，则

$$\frac{22.5}{24}＝\frac{x}{20-x}$$

解得

$$x≈9.7$$

也就是说，缩小规格在抽褶时，应在前塔 1 净纸样围度 22.5cm 的基础上收缩 9.7cm，即为 12.8cm，后塔 1 净纸样在围度 24cm 的基础上收缩 10.3cm，即为 13.7cm。

同样也假设缩小规格前塔 2 的净纸样围度 y 按以下公式计算：

$$\frac{12.8}{22.5}＝\frac{22.5}{y}$$

解得

$$y＝39.55$$

则中间规格前塔 2 围度与缩小规格前塔 2 围度之差为 40.02-39.55＝0.47（cm），约为 0.5cm。

通过比较可知，前塔 2 围度的档差约为 0.5cm；而不能仅依据前塔 1 的档差是 1cm 就简单认为前塔 2 的围度档差是 1cm。前塔 2 的长度不变化，原理与前塔 1 相同。

4. 前塔 3

图 4-15 所示为前塔 3 的放缩裁剪纸样图。它的围度变化与前塔 2 的计算方法相同，假设放大规格前塔 3 的净纸样围度是 y，则

$$\frac{24.5}{40.56}＝\frac{40.56}{y}$$

解得

$$y＝67.147$$

则放大规格中前塔 3 围度与中间规格前塔 3 围度之差为 67.147-68.153＝-1.006（cm），约为-1cm。

也假设缩小规格前塔 3 的净纸样围度 y 按以下公式计算：

$$\frac{22.5}{39.5}＝\frac{39.5}{y}$$

解得

$$y＝69.34$$

则中间规格的前塔 3 围度与缩小规格前塔 3 围度之差为 68.15-69.34＝-1.19（cm），约为-1.2cm。总结可知，前塔 3 围度的档差约为-1.1cm；长度的放缩为 0。

（二）后片的分析与推板

后塔 1、后塔 2 和后塔 3 的长度方向的变化为 0，原理与前片相同；由于后塔 1 和后塔 2 是对折的纸样，以其中的一条侧缝线作为围度的基准线，通过计算，另一边围度方向的放缩约为 1cm（0.5cm×2），而塔裙第三节采用由两片后塔 3 缝制而成，因此后塔 3 每片围

图4-15　塔裙第三节裁剪纸样推板

度方向的档差约为−1.1cm。参见图4-13~图4-15中后片裁剪纸样的推板图。

（三）腰头的分析与推板

从表4-2中了解，腰围的档差是4cm，只要以一边为基准线，另一边直接放缩4cm，图4-16所示为腰头、串带襻、橡筋的推板。

串带襻的数量、长度和宽度并不随着腰围的放缩而变化。

橡筋的档差是1cm，这样放大规格橡筋的净尺寸是12.5cm。

下面用逆推法计算放大规格的腰围尺寸。

在放大规格纸样中，XY 收缩后的尺寸 = 12.5/0.88 = 14.2（cm），$CX+YZ=64/2-1.5-14.2=16.3$（cm），而半腰围的收缩量是20cm，假设放大规格 XY 的收缩量为 x，则

$$\frac{14.2}{16.3} = \frac{x}{20-x}$$

解得 $x = 9.3$

那么，放大规格纸样中 XY 的制板尺寸就是橡筋的净尺寸加橡筋收缩部分的大小，即 $XY = 12.5 + 9.3 = 21.8$（cm）。整个放大规格腰头的净尺寸：$(AX + XY + YZ) \times 2 = (3 + 21.8 + 16.3) \times 2 = 82.2$（cm），与中间规格腰头净尺寸（78cm）比较，差数是 4.2cm，基本与腰围的档差一样，也就是说，橡筋的档差 1cm 是可行的。同理，也可以用缩小规格来逆推橡筋的档差。

图 4-16　腰头、串带和橡筋裁剪纸样推板

（四）裙里的分析与推板

由于裙里的绘制过程比较简单，而且基准线的确定也比较容易，整个臀围的档差是 4cm，根据制板公式，前片围度的档差是 1cm；后片以一边作为基准线，另一边围度的档差为 2cm，图 4-17 所示为塔裙里的裁剪纸样推板图。

图 4-17　裙里裁剪纸样推板

四、部分工艺纸样

前述图 4-12 中的腰头净纸样是中间规格的腰头工艺纸样，图中表示的是半腰围，以后中线为对称轴，从而保证左右腰头的对称，图中标有串带襻的位置和橡筋的缉线位置及方法。为了塔裙的门、里襟规格一致，也应该有扣烫门、里襟用的工艺纸样，纸样的宽度是 3cm 的烫条，该纸样就是工艺纸样中的定形纸样。

本节思考题

1. 谈谈服装结构线的重要性。

2. 为什么后塔 3 不像后塔 1 和塔 2 那样采用对折的工艺方式？

3. 在腰头中 XY 的尺寸是 20.5cm，而在塔裙的第一节中 XY 的尺寸是 22cm，差数是怎样产生的，为什么？在缝制过程中如何处理？

4. 是否可以使图 4-12 中第一节前、后片纸样的围度尺寸相同？其他各节如何计算？

5. 试推算出后塔 2 和后塔 3 的档差。

6. 塔裙第二节围度的档差不是 1cm，而是 0.5cm，塔裙第三节围度的档差却是负数，也就是说放大规格在推板时反而变小，缩小规格在推板时反而变大，为什么？

7. 思考一下如何绘制腰头的工艺纸样（车缝时能保证腰头对位各点的对称或准确）？

第三节　男西裤

一、款式说明、示意图及规格尺寸

男西裤是一种较普通的裤型，主要由两片前片、两个后片和腰头组成。图 4-18 所示为男西裤款式结构示意图，裤子的前中有门、里襟，门襟内车缝一条拉链，左、右前片各有一个压烫成锥形的活褶，两边侧缝各有一个斜插袋，前片内衬有裤里（又称护膝绸，分半膝绸和整膝绸）；左、右后片各有一个省和一个双嵌线一字袋；腰头上有 6 个串带襻。表 4-3 所示为男西裤的成品规格尺寸。

表 4-3　男西裤成品规格尺寸　　　　　　　　单位：cm

部位	规格			档差
	S	M	L	
腰围	74	76	78	2
臀围	98.4	100	101.6	1.6
裤长	99	102	105	3
裤口	44	45	46	1

续表

部位	规格			档差
	S	M	L	
立裆深	22.25	23	23.75	0.75
拉链	15.24	16.51	17.78	1.27

注 1. 中间规格 M 对应国家标准中的 170/74A，S 规格对应 165/72A，L 规格对应 175/76A。

2. 腰围放松量是 2cm，臀围放松量是 10cm，立裆深尺寸不包括 3.5cm 的腰头宽。

3. 臀围位置处于从裆底沿前裆线量取前裆长的三分之一处。

4. 中间规格 M 的拉链长度对应的英制数是 6.5 英寸，S 规格是 6 英寸，L 规格是 7 英寸。

5. 在设计制板尺寸时，不含其他任何影响成品规格的因素，如缩水率等。

6. 基础板是 M 规格。

图 4-18　男西裤款式结构示意图

二、基本纸样的分析及绘制

（一）前片（图 4-19）

$B_1 \sim F_2$　侧缝基础线，$B_1F_2 =$ 立裆深 $= 23$（cm）。

$B_1 \sim A_1$　根据该款西裤的特点（褶在熨烫后在臀围处有部分重叠）和裤子前、后臀围的分配比例，前臀围可以采用臀围/4。过 B_1 点作 B_1F_2 的垂线，取 $A_1B_1 = 100/4 = 25$（cm），A_1B_1 就是腰围基础线。

$E_1 \sim E_2$　过 F_2 点作 B_1F_2 的垂线，即为横裆基础线，过 A_1 点作 B_1F_2 的平行线，即为前裆基础线，两线的交点为 E_1，延长 F_2E_1 至 E_2，E_1E_2 为小裆宽，其计算公式为臀围/20−1cm（有时采用臀围/25），它的取值范围通常在 3.5~4.5cm，在本款式中 E_1E_2 确定为 4cm。

$A_2 \sim B_2$　前腰围的计算公式为腰围/4-1=W/4-1=76/4-1=18（cm），前片臀围与腰围的差数=A_1B_1-前腰围=25-18=7.0（cm），再减去活褶的宽度4cm，其余的3cm根据纸样结构和裤子造型，平均分配在腰口的前裆和侧缝处，即$A_1A_2=B_1B_2$=1.5（cm）。腰口和前裆的缝份均为1cm。

$C_1 \sim D_1$　通常，臀围线位于从横裆线E_2F_2向上取立裆深的1/3处。但本实例根据臀围位置的确定方法，应初步画出前裆弧线，量其弧线长直至A_2点，取整个长度（前裆长）1/3的同时，确保C_1点在A_1E_1上，画臀围线CD，缝份$CC_1=DD_1$=1（cm）。

E、F点　在横裆线上E_2点外加1cm的缝份，与前裆弧线的毛缝线相交，得到E点。将F_2左移0.5cm为净缝点F_1，F_1F为间隔1cm的缝份。

$M \sim N$　过前横裆E_2F_1的中点M_1作横裆线的垂线，为裤中线（烫迹线）。与腰围缝份线相交于M点，MN=裤长-腰头宽+1（缝份）+4（裤口折边）=102-3.5+5=103.5（cm）。

裤口G_1、H_1、G和H　从N点向上量取裤口折边宽4cm为N_1点，由于裤口的大小是45cm，本例前裤口计算公式为裤口/2-1.5cm，则前裤口为21cm，以N_1点为中点平分前裤口，得到G_1和H_1点（G_1H_1是裤口基础线），再各加1cm的缝份，与裤口折边线相连，最后得到G点和H点。

中档　通常，中档线J_1K_1的高度为臀围线C_1D_1到裤口基础线G_1H_1距离的一半。其长度大小有两种计算方法：

（1）取小裆宽E_1E_2的中点E_3，连接E_3G_1与中档线的交点为J_1，以裤中线为对

图4-19　男西裤前片裁剪纸样

称轴，得到 K_1 点。

（2）根据款式特点，可以采用前裤口+2cm，即 23cm 计算前中裆尺寸，再以裤中线为中线平分此数，得到 J_1 点和 K_1 点。然后，各加 1cm 的缝份，为 J 点和 K 点。

依据画内裆线、侧缝线和前裆弯线的方法，连接前裤片的缝份轮廓线，得到男西裤前片裁剪纸样。

褶　根据款式结构的特点，平行褶是倒向侧缝，褶的大小为 4cm，分在裤中线左侧的量为 0.5cm，在右侧的量为 3.5cm，如图 4-19 所示。

口袋　前片侧缝处有斜插袋，袋口确定方法：在腰口净缝线上量取 B_2B_3 = 3.5cm，从 B_3 点斜向净侧缝线上量取 17cm，距 B_3 点 1cm 处为口袋上端封口，口袋实际尺寸就是 16cm。

前袋由前袋布、前袋垫布和前袋贴布构成，这些纸样以前片为基础进行绘制（图 4-20）。

图 4-20　男西裤斜插袋各片裁剪纸样

前袋垫布纸样：在腰口基础线上量取 B_3Q_2 = 5cm，在侧缝线上量取 DF_4 = 5.5cm，画顺 QQ_2F_4 线。

前袋贴布纸样：画斜插袋净缝线的平行线，与其间距 4cm，画顺 Q_1F_5 线。

前袋布纸样：在腰线 AB 上量取 BP = 12cm，F_3F_4 = 2cm，F_3P_2 = 18.5cm，PP_1 = 32cm。完成前袋垫布、前袋贴布和前袋布的裁剪纸样。

前片裤里　前片裤里的纸样与前片相同，只是长度比前片裤口基础线短 18cm，通常布纹的方向采用直丝向，但如果既考虑裤里的幅宽又考虑用料的情况，也可以选用横丝向的裁剪方式。

（二）后片（图 4-21）

延长前片纸样中的腰口基准线（净腰线）、臀围线、横裆线、中裆线、裤口基础线和裤口折边线。

B_1F_1　　B_1F_1 为后侧缝基础线，与臀围线相交于 D_1，从 D_1 沿臀围线向右量取 D_1C_1 = 臀围/4 = 100/4 = 25（cm）。

$M \sim N$　　从 D_1 点量取 D_1D_2 = 臀围/5−2 = 18（cm），过 D_2 点作垂线 MN，则 MN 就是后片的裤中线。

$E_1 \sim E_2$　　过 C_1 点作 A_1E_4 垂直于臀围线 D_1C_1，与腰围基础线、横裆线分别相交于点 A_1 和 E_4。E_1 E_2 为大裆宽，计算公式为 1.2 臀围/10 + 0.5cm，即 E_1E_2 = 1.2 × 100/10+0.5 = 12.5（cm），在图中 F_2、E_1 两点间的距离为后横裆尺寸。

E_1　　E_1 到后裤中线的距离 = C_1D_2 + E_1E_2 = 25 − 18 + 12.5 = 19.5（cm）；而 F_2 点根据侧缝线的结构，应取距离 F_1 点 0.8cm 的位置，这样 F_2 点到裤中线的距离 = 18 − 0.8 = 17.2（cm），C_2E_5 是裤子缝合后熨烫时的痕迹。如果要使 MN 线成为真正的烫迹线，就必须减小 D_1D_2 计算公式中的调节数，同时还应适当减小大裆宽的量，但是，F_2 点到裤中线的距离绝对不能大于 E_1 到裤中线的距离，因为这与人体体型的特点有关。图 4-21 中 E_1 点采用了落裆处理（1cm），在车缝前的熨烫中，通过归拔内裆缝使后裆部分有一定的松度，以弥补运动时的需要，这样做也符合人体裆底曲度前缓后凹的人体特征。但在工业化生产中，由于整烫工序通常在

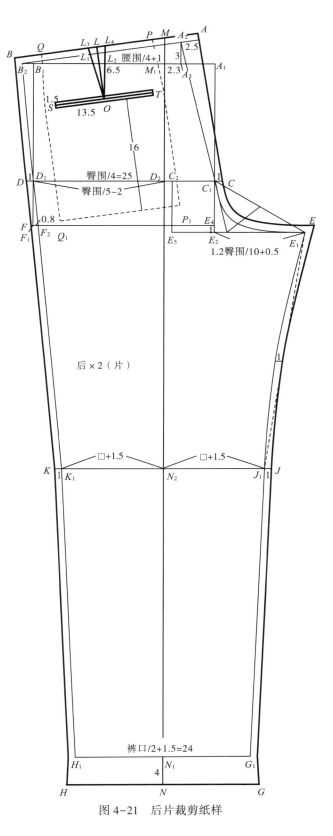

图 4-21　后片裁剪纸样

最后进行，所以进行工业纸样处理时，落裆量比单裁单做要稍小一些，以保证内裆长前、后相等。

裤口 G_1、H_1、G 和 H　从 N 点向上量取裤口折边宽 4cm 为 N_1 点，由于裤口的大小是 45cm，前裤口宽是 21cm，则后裤口宽为 24cm，以 N_1 点为中点平分后裤口，得到 G_1 和 H_1 点，再各加 1cm 的缝份，与裤口折边线相连，最后得到 G 点和 H 点。

中裆 J_1、K_1、J 和 K　量取前中裆的大小，使后中裆比前中裆大 3cm，以后裤中线为平分线，得到 J_1 和 K_1 点，加出缝份，对应后中裆线上的两点就是 J 点和 K 点。

后片腰口　由于后裤中线与腰口基础线的交点为 M_1，根据习惯的制图方法，A_3M_1 等于 C_1D_2 的一半，这个数值可以根据裤子的特征和体型的特点作适当调整，在图 4-21 中，A_3M_1 等于 2.3cm；过 A_3 点作腰口基础线的垂线 A_2A_3，即后片纸样的起翘量，通常大于 2cm，但超过 3.5cm 的情况较少。当然，起翘量的大小在纸样中直接与侧缝点相关，在谈到裤子与人体的造型关系时，如果侧缝点已经处于人体的腰围线上，此时若后翘过大，则很可能会在后腰口以下部位产生横皱，在侧缝处也会出现从前片到后片向下斜皱的现象。在没有后裆长尺寸限制的情况下，后翘高一般为 2~3cm，在大致确定出 A_2 点后，还要计算后腰围的大小和腰线的位置，后腰围的计算公式为腰围/4+1。另外，后片纸样上有一个省（2cm），则后腰围的制板尺寸 = 后腰围净尺寸 + 省量 = 76/4+1+2 = 22（cm），通过 A_2 点和 B_2 点的再次移动和调整，保证 B_2A_2 与 A_2C_1 的夹角为 85°~95°。

最后把 A_2 点和 B_2 点确定下来。图 4-21 中后翘高采用 3cm。在净腰线上加出 1cm 缝份，后裆线的缝份在 A_2 点是 2.5cm，C_1 点的缝份是 1cm，连接 AC。

依据画内裆线、侧缝线和后裆弯线的方法，画顺后裤片的缝份轮廓线，完成男西裤后片裁剪纸样。

后袋　左、右后裤片各有一个双嵌线的横袋和一个省道，那么，是先确定出省的位置然后再绘制口袋呢？还是先确定并绘制出口袋位置然后再画省道呢？试想一下，如果一个人身穿有双嵌线后袋的裤子，从后面观察时，首先映入眼帘的是口袋还是省道？可以肯定地说，应该是口袋。正因为如此，在进行纸样处理时，首先确定口袋，其次才是省道的绘制。

由于双嵌线口袋长度是 13.5cm，宽度为 0.8cm，它距净腰线 6.5cm，袋口的一端离侧缝净线的距离和另一端离裆缝净线的距离既可以设计成相等，也可以设计成前者稍小而后者稍大些，这里两者的距离设计为不一样大。画出双嵌线的袋位，省尖点位于双嵌线口袋中间线的中央点 O 上，过省尖点作腰口净缝线的垂线并延长交腰口缝份线 AB 于 L 点，由于省的大小是 2cm，因此得到 L_1、L_2 点，延长 OL_1、OL_2 交腰口缝份线于 L_3、L_4 点，完成口袋和省道的绘制。

后袋由嵌线、垫布和袋布组成，因工艺的不同，采用的嵌线片数也不一样，一般有两种：

（1）用一片嵌线布制作两个嵌线牙，则两个后袋只需要 2 个裁片。

（2）一片嵌线布只制作一个嵌线牙，则两个后袋需要 4 个裁片，图 4-22 中采用的工艺是第一种，图中后袋嵌线与后袋垫布使用相同的裁剪纸样。

后袋布的制板长度＝（1+6.5+16）×2＝47（cm），制板宽度则根据缝制工艺设计，本结构采用折边工艺，如折边宽为 0.5cm，这样袋布的宽度＝0.5×2+垫布宽度+0.5×2＝1+16.5+1＝18.5（cm）。

图 4-22　后袋各片裁剪纸样

（三）门襟、里襟

男西裤门襟、里襟的制作比较复杂，图 4-23 所示为门襟、里襟结构配合图，门襟的缉线宽度是 3.5cm，门襟的制板宽度＝一个缝份宽+门襟的净宽+0.5cm 的绲边缝份＝1+3.5+0.5＝5（cm），长度＝一个缝份宽+第一个拉链牙到净腰口的尺寸+拉链的净长度+最后一个拉链牙到门襟的边缘＝1+0.5+16.51+2＝20.01（cm），裁剪纸样如图 4-24 所示，门襟裁片只有一片；里襟通常由两片不同的面料构成，当门襟与里襟缝制完成后，把裤子的反面翻过来，里襟应完全把门襟遮盖住，这样里襟面的长度只要比门襟长 0.5cm，也就是说，里襟面的长度是 20.51cm，其宽度的计算要根据里襟的特点和结构进行，图 4-23 中的⑤线采用绲边工艺，①线和⑤线之间的宽度是 4cm，由于里襟应该遮盖住门襟，⑥线遮盖⑤线的大小为 0.5cm，而在裤子的正面，门襟止口线则又应遮盖住右裤片的前裆净缝线②，通常①线遮盖②线的大小是 0.5cm 或稍大些，即里襟的局部净宽也是 4cm，由于右腰头是斜角，而且里襟上要锁扣眼，扣子钉在如图 4-25 所示的腰里 E 片上，为了使扣眼和扣子能很好地配合，应延长净右腰头斜线，大小为 1.8cm，画顺⑥线，②线应加 1cm 的缝份为③线，⑥线加 0.8cm 的缝份为⑦线，腰口净线加 1cm 的缝份，在部分净右腰头斜线上也加出 1cm 的缝份，与③线、⑦线构成得到里襟面的裁剪纸样，如图 4-24 所示的门襟、里襟裁剪纸样；由于里襟里中④线应包住里襟面的边③线，在③线的基础上再向左加出 1.2cm 的缝份，通常，里襟里的上腰口还要遮盖住右腰头，延长④线，净右腰头斜线上也加出 1cm 的缝份，在右腰头的上腰口加出 1cm 的缝份，里襟里下端的绘制如图 4-23 所示，长度一直从拉链下端的缝合处沿前裆弯线计算到前裆底端并加出 2cm 的缝份，连接各毛缝线成为里襟里的裁剪纸样（图 4-24），里襟里只有一片纸样。

图4-23　门襟、里襟结构配合

图4-24　门襟、里襟裁剪纸样

（四）腰头

图4-25是腰头结构示意图，A是腰面，宽度是3.5cm；B、D和E是腰里，B的宽度是1.5cm，连接腰面和其他腰里及防滑带；D的宽度是2cm，产生与腰口缝合的作用；E的宽度是3.5cm，起遮盖住D的作用并采用小线襻与腰口固定；C是防滑带，顾名思义有防止衬衫在运动时滑出的倾向，宽度是0.5cm。

图4-25　腰头结构示意图

下面分别计算各纸样的制板长度和制板宽度，如图4-26所示。

在图4-23所示的门襟、里襟结构配合图中，左腰头比左门襟止口多出4cm，在它上面锁扣眼，右腰头采用斜角的工艺方式，上腰口从②线向外4.4cm，下腰口从②线向外5.4cm，整个腰在后中部位分为两段。

左腰头（门襟）的制板长度=一个缝份宽+①线向里叠3+2×左腰头多出的量+半腰围+后中缝份宽（对应后裆缝份2.5cm）=1+3+2×4+76/2+2.5=52.5（cm），左腰头（门襟）的制板宽度=与腰口连接的缝份宽+净腰宽+上腰口内翻0.3+一个缝份宽=1+3.5+0.3+1=5.8（cm）。

左腰衬的长度=左腰头的制板长度-两端的缝份宽=52.5-1-2.5=49（cm），左腰衬的宽度=净腰宽=3.5（cm），左腰头和左腰衬都只有一片。

由于右腰头是斜角，因此右腰头（里襟）的制板长度分别按上、下腰口的长度进行计算：

右上腰口的制板长度＝一个缝份宽+4.4+半腰围+后中缝份宽

$$= 1+4.4+38+2.5 = 45.9 \text{（cm）}$$

右下腰口的制板长度＝一个缝份宽+5.4+半腰围+后中缝份宽

$$= 1+5.4+38+2.5 = 46.9 \text{（cm）}$$

图4-26 左、右腰头各片裁剪纸样

右腰头的制板宽度和左腰头的制板宽度相等，且均只有一片，宽度也是5.8cm。同样，右腰衬也是斜角：

上腰口长度＝右上腰口的制板长度−两端的缝份宽＝45.9−1−2.5＝42.4（cm）

下腰口长度＝右下腰口的制板长度−两端的缝份宽＝46.9−1−2.5＝43.4（cm）

右腰衬也只有一片，宽度为3.5cm。

腰里B、腰里D、腰里E和防滑带C的长度相等：

左腰里的制板长度＝一个缝份宽+半腰围−①线向里叠3+后中缝份宽

$$= 1+76/2-3+2.5 = 38.5 \text{（cm）}$$

右腰里的制板长度＝一个缝份宽+半腰围+后中缝份宽＝1+76/2+2.5＝41.5（cm）

但它们的宽度不等：

腰里 B 的制板宽度＝两个缝份宽＋腰里 B 的净宽＝2×0.5+1.5＝2.5（cm）

防滑带 C 的制板宽度＝两个缝份宽＋两倍的防滑带 C 的净宽＝2×0.5+2×0.5＝2（cm）

腰里 D 的制板宽度＝两个缝份宽＋两倍的腰里 D 的净宽＝2×0.5+2×2＝5（cm）

腰里 E 的制板宽度＝两个缝份宽＋两倍的腰里 E 的净宽＝2×0.5+2×3.5＝8（cm）

西裤的串带襻一般有 6 个，每个串带襻的净长度是 5cm，宽度是 0.8~1cm，而纸样只绘制 1 片，串带襻裁剪纸样制板长度＝（串带襻净长＋两端缝份宽）×6＝（5+1.5×2）×6＝48（cm），制板宽度通常是 2~2.5cm。

在男西裤中有些部位需要绲边，如前裆弯、整个后裆缝和门襟上有弧线的一侧，通常采用与口袋布一样的面料，裁片的布纹方向是斜丝，宽度是 1.5cm，长度按幅宽裁。

三、推板

表 4-3 中腰围、臀围、裤长、裤口、立裆深和拉链的档差分别是 2cm、1.6cm、3cm、1cm、0.75cm 和 1.27cm，其中的腰围、臀围和裤长的档差来自国家服装标准 5·2 系列中的采用数；裤口档差是约定的数；而立裆深的档差是根据身高的差数和立裆深这部分在身高中所占比例确定的，由于身高的档差是 5cm，而人的身高大约是 7 个头高，那么，一个头高的变化量约为 0.7cm 左右，立裆深的尺寸比一个头高稍大一些，因此，确定立裆深的档差是 0.75cm；拉链的档差来自拉链生产厂家每档拉链间的差数，通常是 0.5 英寸，约 1.27cm。

为了便于分析，长度方向基准线约定为横裆线，围度方向基准线采用前、后中线，而对于一些比较特殊的纸样在下面分别说明。

（一）前片面、前片里的分析与推板（图 4-27、图 4-28）

1. 长度方向的变化量分析

A、B、M 点的变化量　这些点均位于腰线上，由于立裆深的档差是 0.75cm，因此，这些点的变化都是 0.75cm。

C、D 点的变化量　由于这两点均位于臀围线上，根据臀围位置的确定方法，C 点变化量＝立裆深档差/3＝0.75/3＝0.25（cm）；臀围线 CD 平行于基准线横裆线，则 D 点变化量也是 0.25cm。

E、F 点的变化量　这两点都在基准线横裆线上，因此，E、F 点的变化量都是 0。

G、H、N 点的变化量　裤长的档差是 3cm，横裆线以上已变化了 0.75cm，则横裆线以下就变化 2.25cm，而 G、H、N 三点又均位于裤口线上，故 G、H、N 点变化量是 2.25cm。

J、K 点的变化量　以臀围线与裤口基准线的一半确定中裆线，J、K 点位于中裆线上。而臀围线到裤口的变化量是 0.25+2.25＝2.5（cm），那么，一半的变化量是 1.25cm，由于长度方向基准线是横裆线，而臀围到横裆的变化量是0.25cm，因此，中裆线到横裆线的变化量就是1.25-0.25=1（cm），即J、K点变化量为1cm。

D_2点的变化量 D_2为斜插袋的下端点，由于斜插袋的口袋大小变化量为0.5cm，而B点的变化量为0.75cm，则D_2点变化量=0.75-0.5=0.25（cm）。

前片里的推板点与前片面对应各点在长度方向的变化量相同。

2. 围度方向的变化量分析

E、F点的变化量 由于E、F点位于横裆线上，且臀围档差是1.6cm，根据前臀围=臀围/4-1cm，则前臀围的变化量就是臀围档差/4=1.6/4=0.4（cm），同样，图4-19中E_1F_1也变化0.4cm，由于小裆宽的计算公式是臀围/20-1cm（或臀围/25），因此小裆宽的变化量近似采用0.1cm，即E_1E_2变化0.1cm，E_2F_1的变化量就是0.1+0.4=0.5（cm），裤中线MN平分前横裆，则E、F点变化量=0.25（cm）。

D点的变化量 D点为臀围线与侧缝线的交点，D点变化量根据F点变化量计算得到的，所以，D点变化量=F点变化量=0.25（cm）。

C点的变化量 C点为臀围线与前裆线的交点，前臀围的变化量是0.4cm，D点变化了0.25cm，则C点变化量=0.4-0.25=0.15（cm）；也可通过E点来计算C点

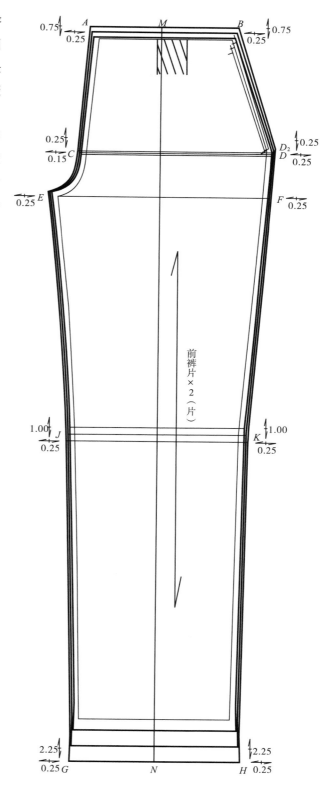

图4-27 前片面裁剪纸样推板

变化量，C 点变化量 $= E$ 点变化量 $-$ 小裆宽的变化量 $= 0.25 - 0.1 = 0.15$（cm）。

B 点的变化量 B 点为腰线与侧缝线的交点，根据制板过程，B 点由 D 点计算而得，则 B 点变化量 $= D$ 点变化量 $= 0.25$（cm）。

A 点变化量 A 点为腰线与前裆线的交点，腰围的档差是 2cm，而臀围的档差是 1.6cm，就人体而言，由于变化量主要在前腰腹部，所以腰围变化比臀围稍快，由于 B 点变化了 0.25cm，则 A 点变化量 $= 0.5 - 0.25 = 0.25$（cm）。

D_2 点变化量 D_2 位于斜插袋上，由于该点与 D 点有关，则 D_2 点变化量 $= D$ 点变化量 $= 0.25$（cm）。

G、H 点变化量 G、H 点为裤口上的点，由于前裤口的计算公式为裤口/2$-$1cm，前裤口的变化量 $=$ 裤口档差/2 $= 1/2 = 0.5$（cm），而裤中线是前裤口的平分线，所以，G、H 点变化量 $= 0.5/2 = 0.25$（cm）。

J、K 点的变化量 J、K 点是中档线上的点，虽然 J_1 点是由 G_1E_3 的连线得到的（图 4-19），但在常用的计算公式中，中档 $=$ 前裤口 $+$ 2cm，事实上这两种方法计算出的中档尺寸近似相等，为了计算方便，中档线上的 J、K 点就根据前裤口计算，即 J、K 点的变化量 $= 0.25$（cm）。

前片里的推板点与前片面对应各点在围度方向的变化量相同。纸样的曲线部位采用中间规格纸样对应的曲线来拟合绘制。

图 4-28   前片里裁剪纸样推板

注   各部位推板数据与对应的前裤片推板数据相同。

（二）后片的分析与推板（图 4-29）

1. 长度方向的变化量分析

A、B、M、L、L_3、L_4 点的变化量   这些点均位于腰线上与前片分析一样，这些点的变化量等于立裆深的档差，即 0.75cm。

C、D 点的变化量   由于 C、D 点均位于臀围线上，故与前片臀围线上的点变化相同，

C、D 点变化量 = 0.25（cm）。

　　E、F 点的变化量　F 点在基准线横裆线上，E 点距离横裆线 1cm，因此，E、F 点的变化量都是 0。

　　G、H、N 点的变化量　G、H、N 点位于裤口上，对应前片裤口，而前片裤口上各点变化量是 2.25cm，则 G、H、N 点变化量 = 2.25（cm）。

　　J、K 点的变化量　与前片中裆对应，即后中裆线上的 J、K 点变化量也是 1.0cm。

　　O 点的变化量　在本款式中，假设省的长度保持不变，由于 L 点的变化量是 0.75，则 O 点变化量 = 0.75（cm）。

2. 围度方向的变化量分析

　　E、F 点的变化量　E、F 点位于横裆线上，后臀围的计算公式为臀围/4 + 1cm，而臀围的档差是 1.6cm，则后臀围的变化量是 0.4cm，根据大裆宽变化量的计算公式：1.2 ×臀围档差/10cm，大裆宽的变化量 = 0.192（cm），因此，后横裆的变化量就是 0.592cm。如果 F_2 点根据 D_1 点计算，则 F_2 的变化量 = 1.6/5 = 0.32（cm），这样，E_1 点的变化量 = 0.592 − 0.32 = 0.272（cm），很明显，这样的推板数据是错误的，根据人体的结构，E_1 点的变化量不能小于 F_2 点的变化量。调整两点的大小为 $F_2 = E_1 = 0.592/2 =$

图 4-29　后片裁剪纸样推板

0.296≈0.3（cm），即 E、F 点变化量=0.3（cm）。

D 点的变化量　　D 点为臀围线与侧缝的交点，用横裆线上的 F 点推算 D 点，D 点变化量=0.3（cm）。

C 点的变化量　　C 点为臀围线与后裆线的交点，后臀围的变化量是 0.4cm，则 C 点变化量=0.4-0.3=0.1（cm）。

A 点的变化量　　由于 A 点为腰线与后裆线的交点，故该点可以根据 C 点计算而定，即 A 点变化量=C 点变化量=0.1cm。

B 点的变化量　　B 点为腰线与侧缝线的交点，由于腰围的档差是 2.0cm，根据后腰围的计算公式，后腰变化 0.5cm，则 B 点变化量=0.5-0.1=0.4（cm）。

H、G 点的变化量　　H、G 点位于后裤口上，与前裤口对应点的分析过程相同，G、H 点变化量=0.25cm。

J、K 点的变化量　　J、K 点位于后中裆线上，与前中裆对应点的分析过程相同，J、K 点变化量=0.25cm。

确定出后裤片的各推板点后，绘制放大和缩小各一个规格的后裤片纸样。

双嵌线　　假设后双嵌线袋的档差是 0.5cm，省的长度保持不变，下面讨论后双嵌线袋和省在围度方向的变化方法：

（1）让中间规格纸样的腰线 AB 与放大规格的腰线重合，并在双嵌线袋位两端使中间规格纸样与放大规格纸样两侧缝 BD 的间距和中间规格纸样与放大规格纸样两后裆缝 AC 的间距相等。

（2）用锥子把中间规格双嵌线袋的两端点以及省的 L_3、L_4、O 点都扎在放大规格的纸样上，此时，省的位置就是放大规格纸样省的位置。由于放大规格双嵌线袋口比中间规格双嵌线袋口大 0.5cm，在放大规格的纸样上，把扎透的两点分别向左和向右各放大 0.25cm，连接这两个放大的点，其间的距离就是放大规格纸样的双嵌线袋位置和大小。

缩小规格的双嵌线袋和省的绘制方法与上述步骤类似。只有使用这种方法，双嵌线袋和省的放缩才合理。

（三）零部件的分析与推板

1. 腰头

由于腰围的档差是 2cm，而整个腰头从后中分成两部分，则每一部分的腰头变化都是 1cm，左腰头、右腰头、左腰衬、右腰衬、腰里 B、防滑带 C、腰里 D 和腰里 E 都在后中放大和缩小 1cm，图 4-30 所示为腰头各片裁剪纸样的放缩。另外，串带和绲边条不需要推板，故没有绘制。

2. 斜插袋

斜插袋袋口大小的档差是 0.5cm，则前袋贴布和前袋垫布也在长度方向放大和缩小 0.5cm，宽度不变；同样，前袋布的口袋大小也随之变化 0.5cm，宽度则随前腰围的变化而变化，大小也是 0.5cm（图 4-31）。

图 4-30　腰头各片裁剪纸样推板

3. 门襟、里襟

门、里襟的放大和缩小随拉链的变化而变化，由于拉链的档差是 1.27cm（0.5 英寸），因此，门、里襟的长度变化也是 1.27cm。门襟放缩时只要在其上端加长或缩短 1.27cm 即可；而对于里襟，它的上端形状和下端形状都不能改变，因此，只能在里襟的中部加长或缩短 1.27cm。图 4-32 中"剪开各放缩 1.27"是指在此处把纸样横着剪开，然后再放长和缩短 1.27cm。

图 4-31　斜插袋各片裁剪纸样推板　　　　　图 4-32　门襟、里襟裁剪纸样推板

4. 后双嵌线袋

由于后双嵌线口袋的变化是 0.5cm，因此通常认为，后袋垫布和后袋嵌线的长度也变化 0.5cm，宽度可以不变，后袋布的放大和缩小与后袋垫布和后袋嵌线一致（图4-33）。

图 4-33　后袋各片裁剪纸样推板

四、部分工艺纸样

男西裤的工艺纸样主要有腰头的定位纸样、后片双嵌线和省道的定位纸样、门襟缉线的定形纸样。图4-34所示为净腰头定位纸样，在左、右腰头上对应的各点缝制完毕后，它们起着保证左、右腰头对称，使同一规格的所有裤子均整齐划一，不至于出现同一规格两条裤子的腰头尺寸不一致的情况。（a）是缩小规格腰头的净纸样，上面标有门襟、里襟、褶、侧缝、后省及串带位置，在腰头与腰口合缝时，以上各点均要求一一对合；（b）是中间规格腰头的净纸样；（c）是放大规格腰头的净纸样。由于腰围尺寸的变化，（a）、（b）和（c）中相应点的位置有所变化，在腰头与腰口缝制时，一定要注意腰头的规格和腰口的规格相同，如中间规格净腰（b）上的侧缝位置一定要与中间规格裤片缝合后的侧缝对齐，否则将出现错误。

图 4-34　三个规格腰头工艺纸样

图4-35所示的是S、M和L规格后双嵌线袋及省道的定位纸样，该类纸样可以保证

两个后片上的对应省道一致、口袋对称。在缝制时，首先缉省，然后核对好后袋位置，再车缝并制作双嵌线袋。

(a) S规格　　　　　　　　　　(b) M规格　　　　　　　　　　(c) L规格

图 4-35　后双嵌线袋和省道工艺纸样

本节思考题

1. 在绘制裙子纸样和绘制裤子纸样时，通常，前片臀围的计算公式前者为 $H/4+1$cm（H 表示成品规格臀围尺寸），后者为 $H/4-1$cm；后片臀围的计算公式前者为 $H/4-1$cm，后者为 $H/4+1$cm，试分析这样做在服装中有何意义？

2. 如果把斜插袋改为直插袋，纸样如何处理？

3. 在进行后片纸样的推板时，为什么一开始计算推导得到的是 $F_2=0.32$cm、$E_1=0.272$cm？这样的推板数据是不合理的，分析其产生的原因。

4. 在后裤片纸样的推板中，腰线与后裆线的交点 A 在围度方向的变化量能否由 0.1cm 改为 0.05cm？

5. 用 1:1 的纸样粘贴，模拟左腰头与门襟，右腰头与里襟，门襟与里襟的配合。

6. 用 1:1 的纸样操作后袋口及省的推板。

7. 在车缝时要保证每条裤子上的门襟缉线宽窄都一样均匀，你将采用何种方法？

8. 如果该男西裤长度方向的尺寸不变，只是围度方向的尺寸发生变化，应如何推板？

第四节　牛仔裤

一、款式说明、示意图及规格尺寸

牛仔裤通常是指用斜纹牛仔面料加工缝制而成的裤子，缝制完成后，按照成品要求进行水洗。常见的牛仔面料为深蓝色，采用不同的水洗方式，其效果也不同，常用的水洗方式有轻石磨成靛蓝色、重石磨成浅蓝色、漂洗加石磨则颜色更浅等；另外，牛仔面料也有其他各种颜色。典型的牛仔裤在业内多称为 501 裤（图 4-36），其结构为：前身主要由两

前身　　　　后身

图 4-36　牛仔裤结构示意图

个前片、两个前弯袋、右侧有一个表袋、门襟和里襟各一片，其中，前大袋布的一部分缝在门、里襟和腰头中。门襟使用铜齿拉链，门襟盖住里襟 0.5cm，门襟处的双明线间隔 0.5~0.6cm，外缉线距前止口宽为 3.8cm（1.5 英寸），门襟止口缉双线，门襟上有两个套结，每个前弯袋及表袋两端各一个套结或使用铆钉。后身由两个后片、两个后育克、两个后贴袋组成，后育克压住后片双包边并缉双明线，后裆缝采用左片压右片双包边并缉双明线，后袋袋口两端各有一个套结或铆钉，裆底套结；裤口三卷边缉明线，宽度 1.27cm（0.5 英寸）；环腰头一周缉单明线；腰头左端锁圆头扣眼，右端上钉工字金属扣，腰宽 3.8cm（1.5 英寸），腰上有 5 个串带襻，长为 5cm（2 英寸），宽为 1.27cm（0.5 英寸），串带襻上、下各有一套结加固。

通常牛仔面料以全棉织物为多，除此以外也有化纤与棉混纺的面料，或加比例较少的氨纶。因牛仔裤在水洗时会有缩水现象，假设面料的长度方向缩水率是 5%，围度方向的缩水率是 2%，结合在裁剪时面料的布纹方向就可以预先计算出各部位的制板尺寸，与此同时再把英寸转换成厘米。表 4-4 所示为外贸订单牛仔裤的部分规格尺寸。

表 4-4　牛仔裤规格尺寸

部位	规格（英寸）	制板尺寸（cm）	档差（cm）	说明
腰围	30	82.4	2.54	
臀围	44	114	2.54	横裆向上直量3英寸
横裆	28	72.6	1.27	
前裆	12.75	33.7	0.32	测量包括1.5英寸的腰头宽
后裆	16.75	43.9	0.32	
中裆	23.75	61.5	0.64	内长一半上量2英寸
裤口	18.5	48	0.64	
内长	30	80.2	0	
拉链	6.5	16.5	1.27	

注　1. 长度方向的缩水率是 5%，围度方向的缩水率是 2%。

2. 表中各列尺寸是中间规格的尺寸，缩小规格和放大规格的成品尺寸请读者列出。

3. 制板尺寸中已包括缩水率和必要的调节量。

制板尺寸的计算方法如下：

腰围＝30×2.54／（1－5%）＋2.2＝82.4（cm），其中，2.2cm 是作为门襟、里襟在系上扣子时的重叠量。

臀围＝44×2.54／（1－2%）＝114（cm）

横裆＝28×2.54／（1－2%）＝72.6（cm）

前裆＝12.75×2.54／（1－4%）＝33.7（cm），前裆是从裆底沿弧线一直量到前腰口，而整个弧线中有一部分从围度（小裆宽）转换来的，再则该部分处在斜丝向上，因此，前裆的缩水率大于围度缩水率而小于长度缩水率。另外，前裆的绝大部分仍处在长度方向，所以，选用的缩水率是 4%，但不论怎样，都可以通过制作样品来进行测试。

后裆＝16.75×2.54／（1－3%）＝43.9（cm），测量方法与前裆类似，都是弧线量取。

中裆＝23.75×2.54／（1－2%）＝61.5（cm）

裤口＝18.5×2.54／（1－2%）＝48（cm）

内长＝30×2.54／（1－5%）＝80.2（cm），内长从前内裆点量到前内裤口点。

拉链＝6.5×2.54＝16.5（cm），拉链没有缩水。

臀围线由横裆线确定，两线的间距是 7.6cm（3 英寸）。

二、外贸订单牛仔裤与男西裤的比较

将前述的表 4-3 和表 4-4 作比较，发现两表的共同之处都有腰围、臀围、裤口和拉链尺寸，而内长和裤长有区别，但不同之处是西裤有立裆深，牛仔裤有横裆、前裆、后裆、中裆。然而，西裤的裤长由立裆深和近似的内长组成，从前一节的制板过程了解，通过立裆深就可以很容易地画出腰围线、臀围线和横裆线，通过臀围尺寸可以计算出前横裆尺寸和后横裆尺寸，前裆线和后裆线的确定都是独立绘制的，总之，西裤的制板相对来说基本上是独立的。但外贸订单中提供的牛仔裤尺寸却增加了好几个，而且测量的方法又有区别，所以尺寸的处理和纸样的绘制与西裤的分析和处理又有不同。下面通过图 4-37、图 4-38 来对不同尺寸之间的关系进行逐一分析。

由于订单中提供了前裆尺寸，它由直线段 A_1C_1 和弧线 C_1E_1 两部分组成，而弧线 C_1E_1 是由 C_1V 和 E_1V 确定的，C_1V 是臀围线到横裆线的距离，在订单中已经说明 $C_1V＝7.6$cm，也就是说小裆宽 E_1V 直接影响着弧线 C_1E_1 的长度，进而影响 A_1 点的高低，即腰线 A_1B_1 的高低；前横裆 E_1F_1 由前臀围和小裆宽两部分组成，如果前臀围确定后，小裆宽的大小将影响前横裆的大小，在订单中横裆尺寸已经知晓，这样，前横裆 E_1F_1 的大小又直接影响后横裆 E_1F_1 的大小，由于后裆 A_1E_1 的尺寸也已经确定，由于后横裆 E_1F_1 的改变，则又影响后腰线与后裆线的交点 A_1 点的高低，即后翘高的大小，如果后翘高过大，腰线和后裆线的夹角将小于 90°而成锐角（图 4-39），这种结构会产生两个问题，一是不利于腰头与后裆部分后腰口的缝合；二是在穿着时，后裆处将产生横皱，并且在人体胯部向后产生斜纹。如果后翘高过小，腰线和后裆线的夹角将大于 90°而成钝角（图 4-40），同样，这种结构也

图 4-37　前片裁剪纸样

图 4-38 后片裁剪纸样

产生两个问题，一是不利于腰头与后裆部分后腰口的缝合；二是在穿着时，后裆处可能拽拉后腰而产生皱痕，不便于运动。通过上面的分析得知，前裆宽采用的大小将直接影响制板的质量，如表4-5所示。

图4-39　后翘过大产生的后果　　　　　图4-40　后翘过小产生的后果

表4-5　前裆宽的变化导致相应点、尺寸和角度的变化

小裆宽	前腰点 A_1	后腰点 B_1	横裆		后腰点 A_1	后翘高	后腰与后裆的夹角
			前横裆	后横裆			
变大	↘	↘	↗	↘	↗	↗	小于90°
变小	↗	↗	↘	↗	↘	↘	大于90°

注　↘表示减小或减低；↗表示增大或抬高。

图4-37中采用的小裆宽是4.0cm，可以绘制出较合理的横裆以上的纸样，下面以两个不同的小裆宽以3.7cm和4.3cm为例加以分析，并与小裆宽为4.0cm作比较。

对不同的体型，尤其是不同的臀围形态，要求有不一样的后翘尺寸。普通的体型，按一般的制图方法，后翘量通常为2~3cm，从表4-6中看，当小裆宽是4.0cm时，通过实际制图，得出的后翘高是2.5cm，假设按这个尺寸缝制成裤子后，在穿着时后裆刚好合体；那么当小裆宽增大0.3cm为4.3cm时，后翘量大约变化0.6cm，为3.1cm，采用这种后翘缝制成裤子后，在穿着时可能在腰与中臀围之间产生横皱，原因就是小裆宽较大；而当小裆宽减小0.3cm时，后翘量则变为1.9cm，另外，当小裆宽减小时，通过表4-5的分析得知，在后横裆加大后，只是提供给臀围以下，而不会转移到臀围以上，当身体前倾时，裤子的后裆用量不足，会造成后裤片受力过大，变形加大，使人有不舒服的感觉，而且会对面料造成损害，再者，裤子的穿着特点应该是前腰稍低，后腰稍高，这样会给人一种挺拔的视觉效果。

表4-6　不同小裆宽对应尺寸的变化　　　　　　　　　　单位：cm

小裆宽	前臀围	前横裆	后横裆	前、后横裆差	要达到前裆尺寸，腰线变化	后腰起翘
3.7	27.5	31.0	72.6-31=41.6	11.6	抬高0.3	2.5-0.6=1.9
4.0	27.5	31.3	72.6-31.3=41.3	10.0	—	2.5
4.3	27.5	31.6	72.6-31.6=41.0	9.4	降低0.3	2.5+0.6=3.1

从表4-4中各部位的制板尺寸看，尤其是臀围、横裆和中裆三个部位，就可知道，该款式属宽松的牛仔裤，因为腰、臀围之差为31.6cm，而牛仔裤的特点又是无褶无省，按常规的制板方法，前片腰臀围差数为31.6/4=7.9cm，仅这一点就给制板带来很大的困难，因为前裆撇量和前侧缝撇量要达到7.9cm，而前裆撇量有一定范围，如过大会造成图4-41的情形，

图4-41　前裆撇量过大的情形

显然，这种结构是不合理的。如果只考虑前裆撇量使之符合正常的结构设计，又会出现前侧缝撇量过大，当腰侧缝点与臀围侧缝点连接成光滑的曲线时，会出现曲率很大的凸势，而这不符合人体髋部的特征，因为髋部相对而言是较平坦的，如果按上面方式制出的纸样制作成裤子，在髋部则会有多余量，呈鼓包状。因此，为了尽量使裤子结构合理，对于前片无褶无省的裤型（包括牛仔裤），常见的腰、臀围尺寸分配如表4-7所示，其中，前裆撇量=（前臀围-前腰围）/3cm，侧缝撇量=2×（前臀围-前腰围）/3cm，同时还要具体情况具体分析，可使上述所说的不正常结构减至最低程度。如果前裆撇量较大，腰围线可稍下凹些，使前腰围线和前裆线的夹角尽可能符合裤片的基本结构。

分析出相关尺寸的分配关系后即可进行基本纸样的绘制。

表4-7　牛仔裤的腰、臀围尺寸分配　　　　　　　　　　　单位：cm

臀腰围之差/4=a	前腰围	后腰围	前臀围	后臀围
a≤3	腰围/4-1	腰围/4+1	臀围/4-1	臀围/4+1
3<a≤5	腰围/4-0.5	腰围/4+0.5	臀围/4-1	臀围/4+1
a>5	腰围/4	腰围/4	臀围/4-1	臀围/4+1

三、基本纸样的分析及绘制

（一）前片（图4-37）

$D\sim F$　侧缝基础线，两点间隔为臀围线到横裆线的距离7.6cm（3英寸）。

$C\sim D$　过 D 点画臀围线 CD，D 点左移1.3cm作为侧缝的缝份，得到侧缝线与臀围线的净缝点 D_1，由于前臀围计算公式为臀围/4-1cm，即前臀围=114/4-1=27.5（cm），量取 D_1C_1 等于27.5cm作为前臀围尺寸，C_1 点就是前裆线与前臀围线的净缝点，再左移1.3cm的缝份，交点为 C 点。

$E_1\sim F$　E_1F 为横裆线，C_1V 为前裆基础线。根据前面的分析，小裆宽 E_1V 确定为4.0cm，根据 E_1V、C_1V 及前裆弯的绘制方法，大致测量出前裆弯弧线 C_1E_1。

$C_1\sim A_1$　由于臀腰围之差/4=7.9（cm），根据表4-7调整之后，前片腰围和臀围的尺寸为：A_1B_1=腰围/4=82.4/4=20.6（cm），而 C_1D_1=27.5（cm），则前片撇量=$C_1D_1-A_1$

$B_1 = 27.5 - 20.6 = 6.9$（cm）。根据前裆撇量和前侧缝撇量分配的方法，前裆撇量 $UA_1 =$ 前片撇量/3 = 6.9/3 = 2.3（cm），前侧缝撇量 = 前片撇量 - 前裆撇量 = 6.9 - 2.3 = 4.6（cm）。前裆尺寸在表4-4中已经计算得到，为33.7cm，该尺寸包括腰头的宽度，牛仔裤的腰头宽通常是3.8cm（1.5英寸），也就是说，前片的前裆制板尺寸实际是29.9cm，减去前裆弯 C_1E_1 的大小得到 C_1A_1 的尺寸，用软尺测量并注意前裆撇量的大小，确定出 A_1 点，绘制前裆线 $A_1C_1E_1$ 并使之圆顺。

$A_1 \sim B_1$　根据前腰围尺寸绘制腰口基础线 A_1B_1，前裆、腰口和侧缝的缝份均为1.3cm，连顺腰口的缝份线 $AOKB$。

$B \sim D$　从 F 点向左移0.2cm作为横裆线与侧缝线的缝份点，使之与 B、D 两点连顺成光滑的曲线。再左移1.3cm的缝份得到 F_1 点，该点为 F 点左移0.2cm的净缝点。

$Y \sim Z$　取前横裆 E_1F_1 的中点 Y，过 Y 点作垂线 YZ，该线即为前裤片的裤中线（挺缝线或称烫迹线）。

裤口　表4-4中裤口的大小是48cm，通常前、后裤口的分配方法是采用裤口/2±1cm，因此，前裤口 = 裤口/2 - 1 = 48/2 - 1 = 23（cm），以裤中线作为平分线，左右两侧各为11.5cm，而内长的制板尺寸是80.2cm，用软尺从 E_1 点向裤口量取80.2cm并保持内裤口点与裤中线的距离是11.5cm，得到内裤口点 I_1。过 I_1 点作裤口基础线，确定出外裤口点 J_1，注意上面的内长是采用直线测量，如果实际制板后内裆线是曲线的形式，则还要对实测的内裆长度进行微调，使之与表4-4中的内长尺寸相等。通常，牛仔裤的裤口采用的加工工艺是三卷边并缉明线，明线距裤口的距离约1.3cm（0.5英寸），则裤口的缝份约为2.5cm（1英寸），绘制好 I 点和 J 点。

中裆线 GH　表4-4中中裆位置在内长尺寸的一半再上移5.1cm（2英寸，计算缩水率后为5.3cm）来确定的，图4-37中 GH 即为中裆线；先用直线连接 E_1I_1 和 F_1J_1，测量得到的 G_1H_1 为27.5cm，常见的中裆计算方法有以下几种：

（1）采用男西裤绘制中裆的方法，计算出的中裆尺寸是25cm。

（2）前中裆采用前裤口加2cm的方法，这样前中裆的尺寸也是25cm。

（3）前中裆 = 中裆/2 - 1 = 61.5/2 - 1 = 29.7（cm）。

很明显（3）中的数据不合理，因为前中裆最大的尺寸只是27.5cm，如果使用29.7cm就会在前中裆处鼓出，这不符合裤子的造型；而（1）和（2）两种情况的前中裆尺寸均为25cm，从制板的角度来看，可以绘制出理想的裤子造型，但表4-4所示的中裆尺寸是61.5cm，这样后中裆的尺寸就是61.5 - 25 = 36.5（cm），参见图4-38中的后中裆，如果采用36.5cm绘制后裤片，后中裆处也会出现鼓出的情况，这也是不合理的。通过各方面的比较，采用直线连接的方法得到的中裆尺寸是合理且科学的，即前中裆 $G_1H_1 =$ 27.5cm，对应两点各加1.3cm的缝份，得到 G 点和 H 点。

前袋口　由于前袋口的宽度是10cm，深度是8cm，在净腰线 A_1B_1 上量取 $PB_1 =$ 10cm，在净侧缝线上量取 $B_1Q = 8$cm，绘制出前弯袋的形状，再加出1.3cm的缝份，就是前袋口的裁剪线（缝份线）。

（二）后片（图4-38）

延长图4-37中前片的腰口基础线、臀围线和横裆线，画一条侧缝基础线，相应的交点是 Y、D 和 F 点。

D~C　从 D 点向右移1.3cm的缝份得到 D_1 点，该点是后侧缝与臀围线的净缝点，量取后臀围=臀围/4+1=114/4+1 =29.5（cm），得到 C_1 点，该点是臀围线与后裆线的净缝点。由于后裆缝采用双包边的工艺，在后身从外观看是左后片压右后片，这样左后裆的缝份是1.3cm，右后裆的缝份通常是常规缝份宽度的1.5倍，也就是说右后裆的缝份是2.0cm，从而得到 C 点。

F~E　从 F 点向右移0.2cm作为后横裆与侧缝的缝份点，再向右移1.3cm的缝份，得到后横裆与侧缝的净缝点 F_1 点。表4-4中横裆尺寸是72.6cm，而前横裆 E_1F_1 是31.3cm，则后横裆等于41.3cm，在后横裆线上从 F_1 点向右量取41.3cm，确定为 E_1 点，由于内裆缝也采用双包边的加工工艺，即前片压后片，因此后内裆缝的缝份就是2.0cm，画出 E 点。

T~V　取 E_1F_1 的中点 U，过 U 点作后横裆的垂线 TV。如同西裤中确定后中线的方法，在臀围线上牛仔裤的后中线到侧缝 D_1 点的距离=臀围/5-1~2=114/5-1~2=22.8-1~2=20.8~21.8（cm）。通过比较，因为该款牛仔裤比较宽松，把 TV 作为后裤中线不会出现不合理的情况。另外，在图4-38中没有采用落裆的方法，这是由于该牛仔裤的前裆尺寸较大，减弱了配合人体的前缓后凹的合体造型因素，再则牛仔裤在缝制过程中不采用归拔的熨烫工艺，只要使前、后内裆缝的长度相等即可，这一点与西裤的处理方法不同。

A_1　用软尺从 E_1 点沿后裆弧线的走向测量，经过 C_1 点一直量取后裆的制板尺寸，大致确定出 A_1 点，由于后腰围=腰围/4=82.4/4=20.6cm，因此从 A_1 点向腰口基础线上量出后腰围，可大致确定出 B_1 点，按照下面绘制裤子纸样的方法调整 A_1 点和 B_1 点：

（1）保证 A_1 点到裤中线有一定的距离，A_1 点处的后翘高尺寸要符合常规制板的尺寸范围。

（2）尽可能保证后腰口净线 A_1B_1 与后裆净线 A_1C_1 的夹角在85°~95°，如果能调整到90°则最好。

（3）保证后侧缝线的弧度在一定的范围之内，如果过大，缝制的裤子将在侧缝的臀围处产生鼓包，这不符合裤子的造型。

确定 A_1 点和 B_1 点后，侧缝加1.3cm缝份，腰口的缝份加1.3cm，依据已确定的各点，绘制出横裆线以上的部分后裤片裁剪纸样。

后裤口　延长前裤口基础线、裤口缝份线。后裤口的绘制方法与前裤口相同，尺寸为裤口/2+1cm，即48/2+1=25（cm），以裤中线作为平分线，左右两侧各为12.5cm，得到点 I_1 和 J_1，相应加出符合工艺加工的缝份，对应的交点是 I 和 J。

中裆线 GH　延长前中裆线。连接后裤片上的内裆缝 E_1I_1 和部分侧缝 F_1J_1，交中裆线于 G_1、H_1 点，量取两点间的距离，得到的尺寸是34cm，而表4-4中的中裆制板尺寸减去前中裆尺寸也等于34cm（61.5cm-27.5cm），两种方法的后中裆相同，这说明采用直线连接的方法是正确的。相应加出符合工艺加工的缝份，对应的交点是 H 点和 G 点。

（三）浅裆牛仔裤纸样分析

前面分析的牛仔裤属于宽松的款式，那么对于市场上前裆较浅的牛仔裤又如何处理呢？参见表4-8所示的浅裆牛仔裤成品规格尺寸表（前、后裆的测量不包括腰头宽）。

表4-8　浅裆牛仔裤的成品规格尺寸　　　　　　　　　　　　　单位：cm

部位	腰围	臀围	前裆	后裆	横裆	裤口	内长	拉链
制板尺寸	76	96	20.6	31.1	59.3	51.2	84.7	10.1

从表中可以看出，前裆的尺寸显然比表4-4中减去腰头宽后的前裆尺寸小了很多，但其分析过程依旧与前面的一样，当大家按常规绘制出前片后再绘制后片时，发现后片的起翘高有5~6cm，在前面已经分析了这个数据是不正常的，而且在腰口的侧缝处会产生不合理的结构。

如果观察和分析样品，会发现裤子的腰口呈"倒三角形"，而且前片的腰口线是一条从前裆向侧缝上斜的弧线，这说明在绘制图4-42中前片纸样时，腰线从原来的 PB 线调整成 PC 线，C 点成为实际纸样的腰线与侧缝线的交点，C 点到腰围基础线 AB 的距离等于2.5cm，这个数据是结合在绘制后片纸样时得到的，为保证前、后片侧缝的长度相同，需适当调整 P' 点至 A' 点，且使起翘高更合理。其纸样的绘制过程不再重复，请参考图4-42进行处理。

图4-42　浅裆牛仔裤的局部净纸样

（四）门襟、里襟、腰头及其他部件

1. 门襟纸样（图 4-43）

把裤子的反面翻出，正规的门襟、里襟配合应该是里襟完全遮盖住门襟，而在服装的正面，门襟则又遮盖住里襟止口 0.5cm（有时是 0.5 英寸），由于门襟的缉线宽度是 3.8cm（1.5 英寸），通过综合考虑：

裁剪纸样的制板宽度＝一个缝份宽＋缉线宽＋锁边宽＝1.3＋3.8＋0.5＝5.6（cm）

裁剪纸样的制板长度＝一个缝份宽＋净腰口到拉链第一个齿的距离＋拉链长度＋拉链最后一个齿到门襟底边的长度＝1.3＋0.5＋16.5＋3＝21.3（cm）

2. 里襟纸样（图 4-43）

由于里襟采用双折的工艺方式，因此，裁剪纸样的制板宽度＝（一个缝份宽＋缉线宽＋0.2cm 的在反面里襟遮盖住门襟的量）×2＝（1.3＋3.8＋0.2）×2＝10.6（cm）。

裁剪纸样的制板长度＝门襟长＋0.5＝21.3＋0.5＝21.8（cm）

图 4-43　门襟、里襟裁剪纸样

3. 腰头（图 4-44）

牛仔裤的腰头比较简单，它在长度方向采用双折的工艺，所以只需绘制一片纸样，裁剪纸样的制板长度＝一个缝份宽＋腰围制板尺寸＋里襟净宽＋一个缝份宽＋1cm，操作电剪切割产生的误差量＝1.3＋82.6＋4.0＋1.3＋1＝90.2（cm）；腰头的宽度是对折的，而且净腰头宽是 3.8cm（1.5 英寸），所以其裁剪纸样的制板宽度＝（一个缝份宽＋净腰头宽）×2＝（1.3＋3.8）×2＝10.2（cm）。串带襻的净尺寸在前面的款式说明中已经知道，串带襻的缝制是用专业缝纫机一次成形的，因此其裁剪纸样的制板宽度＝串带襻净宽＋1.3cm 的缝份＝1.2＋1.3＝2.5（cm），串带襻长度的制板纸样通常是 5 个串带襻一起计算，制板长度＝（一个串带襻的净长＋3cm 的缝份）×5＝（5＋3）×5＝40（cm）。

图 4-44　腰头和串带裁剪纸样

4. 垫袋布和表袋（图 4-45）

前弯袋的宽度是 10cm，深度是 8cm，在宽度的基础上再加 3cm，在深度的基础上再加

图 4-45　垫袋布和表袋裁剪纸样

4cm，画出垫袋布的弧形，通常弧形边采用包缝的工艺，该弧线就可以作为垫袋布纸样的裁剪线，在腰口和侧缝各加一个 1.3cm 的缝份，即成垫袋布裁剪纸样。表袋的裁剪纸样要根据表袋的实际位置和大小来确定，表袋口距净腰口为 3cm，距侧缝为 2.5cm，绘制出表袋的形状，然后，在表袋的两侧各加 1.3cm 的缝份。袋口由于采用三卷边的工艺并缉双明线，一般加 2cm 的缝份，而表袋的下沿是与垫袋布一起包缝并缝制，所以下沿的弧线在该部位与垫袋布保持一致。从理论上说，表袋的左侧缝份在下沿处不应该是这样，缝份加放参见本书第一章第三节的内容。

5. 前袋布（图 4-46）

牛仔裤的袋布有大、小袋布之分，与我们常见的袋布不一样，具体结构参考图 4-37 中前裤片纸样，大袋布是由曲线 $AOKB$、侧缝 BN、弧线 NXM 和前裆 AM 构成，小袋布则由曲线 OKP、前袋口 PQ 的毛缝、侧缝 QN、弧线 NX 和斜线 XO 构成，其中，在大袋布的前裆 AM 处再向左加出 0.5cm，这样做的目的是保证大袋布与前片缝合时有些余地，而小袋布的 XO 处是采用折边或卷边的工艺缝合在大袋布上。

图 4-46　前袋布各片裁剪纸样

6. 后贴袋（图 4-47）

参见图 4-38 中后片纸样的设计，其中，后袋的 N 点距分割线（KL）2cm，M 点距分割线 2.5cm，后贴袋的形状如图中所示，其中 $PQ = 11.5$cm，通常它的袋口采用三卷边的工艺并缉双止口，因此，缝份多为 2cm，其他各边的缝份都按正常的缝份 1.3cm 处理。

7. 后育克（图 4-48）

后育克是从后身上分割得到的，侧缝和后裆的尺寸分

图 4-47　后贴袋裁剪纸样

>4

别是 4cm 和 5.6cm（净纸样参见图 4-38），由于后育克和后裤片采用双包边的工艺，而且是后育克压后裤片，因此，后育克在 KL 处的缝份是 1.3cm（后裤片的缝份为 2cm），其他各部位缝份与后裤片一致，注意后育克

图 4-48　后育克裁剪纸样

裁剪的布纹方向。这里，需要说明一点，有人认为：可以通过在后育克上采用转省的方式以减小侧缝的弧形，使之能更好地与人体配合，这种想法很好，但在实际的工业化生产中，如果分割线 KL 转成弧线后，再采用双包边的工艺，其加工工艺有一定困难。另外，在该部位转省是否合理，大家可以试一试。

四、推板

表 4-4 中腰围、臀围、横裆、前裆、后裆、中裆、裤口、内长和拉链的档差分别是 2.54cm、2.54cm、1.27cm、0.32cm、0.32cm、0.64cm、0.64cm、0 和 1.27cm。为了便于分析，长度方向基准线约定为横裆线，围度方向基准线采用前、后中线，而对于一些比较特殊的纸样在下面分别说明。

（一）前片的分析与推板（图 4-49）

1. 长度方向的变化量分析

A、*B* 点的变化量　在表 4-4 中前裆档差是 0.32cm，且 *A*、*B* 在腰线上，因此，*A*、*B* 点变化量 = 0.32cm。

C 点的变化量　*C* 点为前弯袋与侧缝的交点，在本例中前袋口的宽度和深度均保持不变，即 *C* 点与腰口同步变化，*C* 点变化量 = 0.32cm。

D、*E* 点的变化量　*D*、*E* 点位于臀围线上，由于表 4-4 中臀围位置到基准线是固定数，因此，*D*、*E* 点变化量为 0。

F、*G* 点的变化量　这两点都在基准线横裆线上，因此，*F*、*G* 点变化量都是 0。

J、*K* 点的变化量　*J*、*K* 点为裤口点，由于内长档差是 0，即内长不变，所以，*J*、*K* 点变化量也是 0。

H、*I* 点的变化量　*H*、*I* 点位于中裆线上，根据中裆的确定方法，而内长不变，则 *H*、*I* 点变化量为 0。

2. 围度方向的变化量分析

F、*G* 点的变化量　*F*、*G* 是横裆线上的点，由于臀围的档差是 2.54cm，按照计算公式，前臀围的变化量是臀围档差/4cm，即 2.54/4 = 0.64（cm），通常在外贸订单中，小裆的宽度在推板过程中保持不变，这样，前横裆的变化与臀围一样，也是 0.64cm，而裤中线平分前横裆，所以，*F* 点和 *G* 点的变化量为前横裆变化量的一半，即 *F*、*G* 点变化量 = 0.64/2 = 0.32（cm）。

D 点的变化量　*D* 点为前裆线与臀围线的交点，由于小裆宽大小不变，而 *F* 点变化量为

图 4-49　前片裁剪纸样推板

0.32cm，因此，D 点变化量也是 0.32cm。

E 点的变化量　E 点为侧缝与臀围线的交点，前臀围 DE 变化为 0.64cm，D 点变化量为 0.32cm，则 E 点变化量 = 0.64-0.32 = 0.32（cm）。

A 点的变化量　A 点为前裆线与腰线的交点，由于腰围的档差是 2.54cm，则前片变化量是腰围档差/4cm，即 2.54/4 = 0.64（cm），而 A 点又与前裆基础线有关，前裆基础线围度的变化量是 0.32cm，所以，A 点变化量 = 0.32cm。

B 点的变化量　B 点为腰线与前弯袋的交点，前弯袋的宽度保持不变，AB 变化量是 0.64cm，A 点变化量为 0.32cm，则 B 点变化量 = 0.64-0.32 = 0.32（cm）。

C 点的变化量　C 点为侧缝与前弯袋的交点，C 点只有与 B 点的变化量相同，才能保证前弯袋的宽度不变，所以，C 点变化量 = B 点变化量 = 0.32（cm）。

J、K 点的变化量　J、K 点为裤口点，前裤口的计算公式为裤口/2-1cm，则前裤口的变化量就是裤口档差的一半，数值是 0.64/2 = 0.32（cm），而裤中线平分前裤口，所以，J、K 点变化量 = 0.32/2 = 0.16（cm）。

H、I 点的变化量　H、I 点位于中档线上，中档的档差是 0.64cm，从理论上讲，H 点和 I 点的变化量都是 0.16cm；但是中间号纸样的中档是通过连直线得到的，如果在推板时，也按这种方法处理，H 点和 I 点的变化量肯定大于 0.16cm，从而产生误差，如果考虑中档的公差，可以适当放大或缩小一至两个规格。

确定出各推板点，合理使用中间规格前片纸样绘制放大和缩小各一个规格纸样。

（二）后片的分析与推板（图4-50）

1. 长度方向的变化量分析

M、L 点的变化量
M、L 点位于分割线上，由于后翘宽度尺寸是定数，所以后裆的档差只能在后片的后裆线上变化，后裆档差为 0.32cm，则 M、L 点变化量 = 0.32cm。

N、O 点的变化量　N、O 点位于臀围线上，后臀围线是前臀围线沿长而得，与前臀围线上相应点的分析过程一样，N、O 点变化量为 0。

P、Q 点的变化量　这两点都在基准线横裆线上，因此 P、Q 点变化量为 0。

T、U 点的变化量　T、U 点为裤口点，与前裤口点相应点的分析过程一样，T、U 点变化量为 0。

R、S 点的变化量　R、S 点位于中裆线上，与前中裆线上的点一样，R、S 点变化量也是 0。

2. 围度方向的变化量分析

P、Q 点的变化量　P、Q 点是横裆线上的点，横裆档差是 1.27cm，而前横裆已经变化了 0.64cm，则后横裆的变化量 = 1.27 - 0.64 = 0.63（cm），在此也

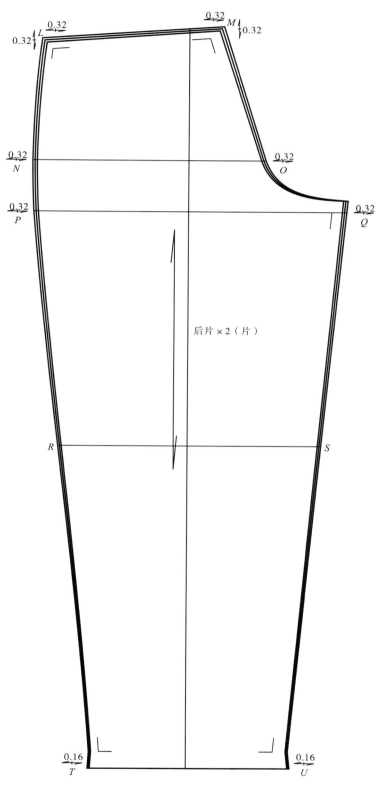

图4-50　后片裁剪纸样推板

近似采用0.64cm，裤中线平分后横裆，所以，P、Q点变化量=0.32（cm）。

O点的变化量　O点为后裆线与臀围线的交点，与小裆宽一样，大裆宽通常也不变，因此，O点变化量也是0.32cm。

N点的变化量　N点为臀围线与侧缝线的交点，后臀围的计算公式为臀围/4+1cm，则后臀围的变化量为臀围档差/4cm，即2.54/4=0.64（cm），由于O点变化了0.32cm，则N点变化量=0.64−0.32 =0.32（cm）。

L点的变化量　L点为分割线与侧缝的交点，根据服装结构保持一致的原则，L点变化量=N点变化量=0.32（cm）。

M点的变化量　M点为分割线与后裆线的交点，由于腰围档差是2.54cm，则后腰围的变化量就是0.64cm，为了保持后翘形状的稳定，分割线的变化也是0.64cm，则M点变化量=0.64−0.32=0.32（cm）。

T、U点的变化量　T、U点为裤口线上的点，后裤口的计算公式为裤口/2+1cm，则后裤口变化量就是裤口档差的一半，即0.32cm，后裤中线平分后裤口，则T、U点变化量=0.32/2=0.16（cm）。

R、S点的变化量　R、S点为中裆线上的点，与前中裆H点和I点分析过程相同，可采用0.16cm。

确定好各推板点，合理使用中间规格后片纸样绘制放大和缩小各一个规格纸样。

（三）零部件的分析与推板

1. 后育克（图4-51）

由于后育克的宽度尺寸通常不变，而它的上口是后腰围，后腰围的变化量是0.64cm，因此，以分割线和后裆线作为基准线，把中间号纸样的侧缝线沿分割线向左平移0.64cm，即为放大规格；反之，沿分割线向右平移0.64cm，即为缩小规格。

图4-51　后育克裁剪纸样推板

2. 腰头和串带襻

腰围的档差是2.54cm，腰头的放缩比较简单，只要在一边进行放缩，如图4-52所示；串带襻的大小不变，故不用放缩。

图4-52　腰头裁剪纸样推板

3. 门襟、里襟（图4-53）

门襟、里襟长度方向的放缩主要与拉链的变化有关，由于拉链档差是1.27cm，则门襟、里襟在长度方向的变化量就是 1.27cm；通常门襟、里襟的宽度不用变化。

4. 前袋布（图 4-54）

由于前弯袋口的大小不变，与之对应，大袋布和小袋布的形状也不用变化，只是袋布靠近前裆的一端随着前裤片腰围的变化而变化，由于前腰围的变化量是 0.64cm，则大、小袋布在该端放缩 0.64cm 即可。

5. 前垫袋布、表袋和后贴袋

在本款牛仔裤的推板中，由于口袋的宽度和深度都不变，所以与口袋相关的这三片纸样都可以不放缩，其纸样如图 4-45 和图 4-47 所示。

图 4-53　门襟、里襟裁剪纸样推板

图 4-54　前袋布裁剪纸样推板

五、部分工艺纸样

牛仔裤的工艺纸样通常有前垫袋布、后贴袋和腰头。

1. 前垫袋布

前垫袋布的工艺纸样参见图 4-45 所示。

2. 后贴袋

如图 4-55 所示，采用后贴袋的工艺纸样扣烫后贴袋裁片，可使所有的后贴袋都保持同样的形状，而缉花纸样可保证后贴袋上的花型一致，只要把缉花纸样一正一反分别绘制即可得到两组对称线迹。

图 4-55　后贴袋及后贴袋缉花工艺纸样

3. 腰头

图 4-56 所示为三个规格的净腰头纸样，左、右腰头上对应的各点在缝制完毕后，起着保证腰头对称，使同一规格的所有裤子均整齐划一，不至于出现同一规格的两条裤子腰头尺寸不一样的情况。（a）是小号规格腰头的净纸样，上面标有门襟、里襟、袋口、侧缝、后中及串带襻的位置，在腰头与腰口合缝时，以上各点均一一对合；（b）是中间号规格腰头的净纸样；（c）是大号规格腰头的净

纸样。它们的区别只是由于腰围尺寸的变化，（a）、（b）和（c）中相应点的位置有所变化，在腰头与腰口缝制时，一定要注意腰头的规格和腰口规格相对应。另外，三个规格的前弯袋宽都一样，靠近侧缝的串带襻把后中串带襻和袋口串带襻间的尺寸平分。

图4-56　三个规格的腰头工艺纸样

本节思考题

1. 为什么腰围的缩水率采用5%而不是2%？

2. 为什么前、后裆采用弧线的测量方法，而不采用常用的立裆深这种方法？

3. 为什么在计算后裆制板尺寸时，采用的缩水率是3%？

4. 为什么在订单中使用内长而不是我们常使用的裤长（外裤长）？

5. 如果前袋口的宽和深都变化0.5cm，那么，相应的纸样如何放缩？

6. 附录A所示为一份全棉男宽松牛仔长裤的外贸订单，它的纸样如何设计？如何推板？需要哪些工艺纸样？

7. 表4-9所示为一份内销牛仔裤的规格尺寸表，成品裤子的腰口形状呈倒三角形，小裆宽采用3.2cm，制板时的前、后片纸样中腰围、臀围的尺寸相等，试绘制该牛仔裤的全套裁剪纸样。

表4-9　某企业内销牛仔裤的规格尺寸

规格	25		26[①]		27		28		30	
腰围（4%[②]+2cm）	68	72.7	71	75.8	74	79	77	82.1	83	88.3
臀围[③]（2%）	92	93.8	94	95.9	96	97.9	98	100	102	104
前裆（不连腰头）（3%）	19.5	20.1	20	20.6	20	20.6	20.5	21.1	21	21.6
后裆（不连腰头）（2%）	29.5	30.1	30	30.6	30	30.6	30.5	31.1	31	31.6
横裆（2%）	57	58.1	58	59.1	59	60.2	60	61.2	62	63.2

续表

规格	25		26①		27		28		30	
中裆（2%）④	53	54.1	54	55.1	54	55.1	55	56.1	56	57.1
裤口（2%）	49	50.0	50	51	50	51	51	52	52	53
内裆长（4%）	81	84.2	81	84.2	81	84.2	84	87.4	84	87.4
拉链	10.1	10.1	10.1	10.1	10.1	10.1	10.1	10.1	10.1	10.1

①同一规格中前一列的数据是成品尺寸，后一列的数据是制板尺寸。

②本纸样中所含的缩水率：长度方向4%，宽度方向2%。

③臀围线的确定，采用从裆点沿前裆线方向量7cm。

④中裆线的确定，采用内裆长的一半再向上量5cm。

第五节　男衬衫

一、款式说明、示意图及规格尺寸

衬衫种类多样，本例中讲述的是典型款式的男衬衫，主要由翻领、领座、前片、过肩、后片、袖子和袖头等构成。其中，左领座上锁 1 个横向平头眼，前身采用左片贴襟并且左片压右片，门襟边的宽度是 3.5cm，锁 5 个竖向平头眼，右前片采用折边的工艺，折边的宽度是 2.5cm，左前片有一胸袋，胸袋宽是 11.5cm，靠近前中的一边长度是 12cm，靠近袖窿的一边长度是 12.5cm，前片的下摆是圆下摆并采用三卷边的工艺；后片的中间有一活褶，宽度是 3cm，后片的下摆也是圆下摆并采用三卷边的工艺，后下摆比前下摆长 4cm；过肩的后中长是 6cm；每只袖子上有一衬衫袖开衩，大袖衩长 15.5cm、宽 2.5cm，小袖衩长 12cm、宽 1.5cm，袖口上收两个活褶，大小都是 2cm；每只袖头上锁 1 个横向平头眼，钉两粒扣。图 4-57 所示为男衬衫款式结构示意图，表 4-10 所示为男衬衫规格尺寸。

前身　　　　　　后身

图 4-57　男衬衫结构示意图

表 4-10　男衬衫规格尺寸　　　　　　　　　　　　　　　单位：cm

部位	规格			档差
	S	M	L	
领围	38	39	40	1
衣长	78	80	82	2
胸围	108	112	116	4
肩宽	44.8	46	47.2	1.2
袖长	56.5	58	59.5	1.5
袖口	24	25	26	1
袖肥	23	24	25	1

注　1. 中间规格 M 号对应国家标准中的 170/88A，背长尺寸是 42cm。

　　2. 衬衫的领围测量方法参见《衬衫》国家标准（GB/T 2660—2017）。

　　3. 在设计制板尺寸时，不含其他任何影响成品规格的因素，如缩水率等。

　　4. 胸围尺寸不含褶的大小。

　　5. 袖肥档差的确定来自订单中的尺寸，该尺寸为半袖肥的数据。

二、基本纸样的分析及绘制

（一）后片（图 4-58）

$A \sim A_1$　后中基础线，长度为衣长，即 $AA_1 = 80$cm。在 AA_1 上取背长 $AF = 42$cm，确定 F 点，过 F 点画腰围线 FF_1，过 A_1 点画下摆基础线 A_1G_3。

$A \sim C_1$　过 A 点画 AC_1，由于表 4-10 中 M 规格的肩宽尺寸为 46cm，则量取 $AC_1 = $ 肩宽/2 = 46/2 = 23（cm）。

后领口　表 4-10 中 M 规格的领围为 39cm，而后领宽＝领围/5-0.7cm，则 $AB_1 = $ 领围/5-0.7 = 39/5-0.7 = 7.1（cm），过 B_1 点作后领深线 BB_1 垂直于 AB_1，$BB_1 = $ 后领宽/3 = 7.1/3≈2.4（cm）。画出后领弧线 AB。目前，在市场上常见的衬衫领围为 38~43 规格，后领深的取值范围为 2.3~2.6cm。

$B \sim C$　过肩点 C_1 作 C_1C 垂直 AC_1，大小为 2.1cm，则后落肩的大小为 2.1+2.4 = 4.5（cm），连接 BC 为后肩线。

$C \sim C_2$　过 C 点作 CC_2 平行于 AC_1，取冲肩量 $CC_2 = 1.5$cm。

后袖窿　过 C_2 点作 C_2E_2 平行于 AA_1，按照比例法，袖窿深 = 1.5×胸围/10+（7~8）cm，由于表 4-10 中有袖肥尺寸，因此，可以用袖肥尺寸来估算袖窿深线的位置。取 C_2E_2 为 24cm（参见图 4-65 中袖窿袖山对比图），过 E_2 点作胸围线 E_1E 垂直于 AA_1，$E_1E = $ 胸围/4 = 112/4 = 28（cm），画出后袖窿线。

$A \sim D_3$　在 AA_1 上量取 $AD_3 = 6$cm，过 D_3 点作 D_1D_2 垂直于 AA_1，D_1 点在袖窿线上，取

$D_1D_4=1cm$，$D_2D_3=3cm$，画顺分割线 $D_4D_3D_2$。过 D_2 点作 D_2D_5 平行于 AA_1，画出褶裥及其位置。

側缝线 过 E_1 点画侧缝基础线 E_1G_3，在腰线处取 $F_1F_2=1cm$，取 $GG_3=8cm$，画顺后侧缝线 E_1F_2G。

底边 过 G 点取 $GG_1=3cm$，并确定 G_3A_1 的中点 G_2，连接 G_1G_2，画顺后底边弧线。

（二）前片（图4-59）

$A\sim A_1$ 前中线 $AA_1=80$（衣长）$-4=76$（cm），过 A 点作 AC_4 线垂直于 AA_1。

前领口 取前领宽 AB 等于后领宽，前领深 $AB_2=AB+1cm$。根据前领口的绘制方法，画出前领弧线 BB_1B_2，量出后领弧线和前领弧线的长度，并与领座下口弧线的大小进行比较，如果大于该尺寸，则应调整图4-58中后领宽计算公式中的调节数，即减小后领宽的大小，进而缩小前领宽和前领深的尺寸，最后，保证后领弧线加前领弧线的长度等于领座下口弧线尺寸；反之，应加大后领宽的大小。当然，其他类似的情况（如袖山弧线与袖窿弧线的对合等）也按此方法处理（在后面几节内容中将涉及这方面的问题，在此不赘述，请大家注意）。

图4-58 后片净纸样

$B\sim C$ 过 C_4 点作 C_4C 垂直于 AC_4，取前落肩 $C_4C=5cm$，连接 BC 为前肩线。

前袖窿 过肩点 C 点作 CC_2 平行于 AC_4，取 $CC_2=2.5cm$，过 C_2 点作胸宽线 C_2E_2，量取前片 AE 的尺寸与后片 AE 的尺寸相等；作胸围线 EE_1，$EE_1=$胸围/4 $=28$（cm），得到 E、E_1 点，画出前袖窿线。

绘制好前、后袖窿后，用软尺量出整个袖窿的弧长，在此，强调它一定要与袖子的袖

图 4-59　前片净纸样

山弧长匹配。通常，袖山弧长比袖窿弧长约长 1cm，这是缝制工艺的需要。如果袖窿弧长比袖山弧长长，可以使胸围线适当向上提高；反之，则适当向下降低，直至匹配为止。

$B_1 \sim C_1$　作 B_1C_1 平行于前肩线 BC，间距是图 4-58 中 AD_3 的一半，为 3cm。

底边　过 A_1 作 AA_1 的垂直线，过 E_1 作 AA_1 的平行线，两线交于 G_3，取 $G_3G_4 = 4cm$，这样 G_4 点就与图 4-58 中的 G_3 点在同一条水平线上。取 $GG_1 = 3cm$ 和 A_1G_3 的中点 G_2，画顺前底边弧线。

侧缝线　在前中线 AA_1 上量取 AF 等于背长，得到腰线 F 点，并与 E_1G 相交于 F_1 点，取 $F_1F_2 = 1cm$，画顺前侧缝线 E_1F_2G。

门襟　由于左前片的贴襟宽度是 3.5cm，以前中线 AA_1 为中线，左右各取 1.75cm 作平行线，与前领口相交，得到 D_1 和 D_2 点，与底边线相交，得到 D_3、D_4 点，其中 D_1D_3 是前片止口；而右前片采用折边工艺，折边宽度是 2.5cm，见图中的 DH 线，通常右前片采用布边裁剪。

左胸袋　在胸围线 EE_1 上量取 $E_2K_1 = 2.5cm$，$K_1L_1 = 11.5cm$，过 K_1 点和 L_1 点作胸袋两边，平行于前中线 AA_1，取 $LL_1 = 3cm$，$KK_1 = 3.5cm$，参考图中的定位方法画出胸袋。

过肩　将前片中的多边形 BCC_1B_1 与后片中的多边形 $ABCD_1D_3$ 在肩线处拼接，连成一片纸样成为过肩。

前、后片纸样和过肩纸样的缝份分别各加 1cm，胸袋的袋口边加 3cm，其余各边均加 1cm 的缝份。

（三） 衬衫领

A~B 根据衬衫国家标准（GB/T 2660—2017，2017 年 5 月 12 日发布，2017 年 12 月 1 日实施）的规定，衬衫领围的测量方法是量取衣领翻折线 *GH* 的长度尺寸（图 4-60），因此在绘制衬衫领时，基础线 *AB* 的长度要大于领围尺寸的一半，通过实际绘制和比较，当领围尺寸为 39cm 时，*AB* = 20.2cm，把 *AB* 平均分成三份，靠近前领 1/3 处的点为 *D* 点。

图 4-60 衬衫领净纸样

B~C 前领起翘，过 *B* 点作 *CB* 垂直于 *AB* 且 *CB* = 1cm。

D~E 连接 *DC* 并延长至 *E* 点，*CE* 等于贴襟边宽的一半，为 1.75cm。

C~I 过 *C* 点作 *IC* 垂直于 *DE*，*IC* = 2.5cm。

A~F 过 *A* 点作 *AJ* 垂直于 *AB*，取 *AF* = 3.2cm，*AF* 即为领座的后中线，连接弧线 *FIE*，完成领座纸样。

翻领 取 *GF* = 2cm，*GJ* = 4.2cm，在领座的上口，从 *I* 点向左移 0.5cm 为 *H* 点，连顺翻领的下口弧线 *GH*，*GH* = 领围/2 = 39/2 = 19.5（cm）。取 *HK* = 7.0cm，连顺翻领的外口弧线 *JK*，注意翻领尖角的形状依据 *HK* 的尺寸及时调整，使翻领的领尖形状能跟上流行。

领子的缝份都加 1cm，如图 4-61 所示衬衫领的裁剪纸样（领衬及领角衬都没有画）。

图 4-61 衬衫领裁剪纸样

（四） 衣袖 （图 4-62）

1. 袖片

B~C 袖肥基础线，长度等于两倍的袖肥尺寸，即 *BC* = 24×2 = 48（cm）。

D~E 取 *BC* 的中点 *A*，过 *A* 点作 *DE* 垂直于 *BC*，*DE* 的长度为表 4-10 中的袖长 58cm，通常，男衬衫采用低袖山的结构，一般袖山高为 8~10cm，图中 *AD* = 9cm，*D* 为袖山顶点。

袖山弧线 连接 *BD* 和 *DC*，按画袖山弧线的方法画好该曲线。正如前面所讲的，一定要注意袖窿弧长与袖山弧长的匹配关系。

F~G 根据表 4-10 所示的袖长尺寸，结合款式，设计袖头宽度（6cm），过 *E* 点作 *DE* 的垂线，由于袖头围度是 25cm，并且袖开衩采用如图 4-63 所示的加工工艺，两个褶的大小各为 2.0cm，那么，袖口的实际净尺寸=袖头围度+两个褶宽−大小袖衩纸样的实际重叠量，即大袖衩纸样的宽度是 2.5cm，而它缝在袖开衩上的缝份是 1cm，小袖衩纸样的宽度是 1.5cm，它缝在袖开衩上的缝份也是 1cm，因此，袖头中包含 2.0cm 的重叠量，从图 4-63 中大、小袖衩的配合中可知，袖口围度的制板尺寸 *FG*=25+2×2−2=27（cm），画成弧线是考虑袖底缝缝合后的袖口效果。

2. 袖头

袖头的绘制比较简单，长 25cm，宽 6cm，在纸样上标出扣眼和扣位。

图 4-62 中所画的袖片和袖头都是净纸样，缝份都加 1cm。如果袖山和袖窿采用双包缝工艺，而且通常是袖窿压袖山，这样袖山的缝份就是袖窿缝份的 1.5 倍。

图 4-62　袖片和袖头净纸样

3. 大、小袖衩

在图 4-63 中，袖开衩距袖底缝 F 点 5.5cm，即 $FH = 5.5$cm，由于袖开衩的长度是 12cm，并考虑到工艺特点，$HI = 11$cm，将图 4-62 中的各点与图 4-63 中的各点相对应，这样小袖衩纸样的长度是 12cm，宽度是 1.5cm，多边形 $VPQU$ 就是小袖衩纸样的形状，小袖衩在缝制时采用双折工艺。

图 4-63　大、小袖衩的配合

扣位点 B 位于小袖衩纸样的中部，该点也是扣眼的标记，而大袖衩纸样的宽度是 2.5cm，从对称性的角度考虑，大袖衩纸样的两条边就是图中的 TM 和 SN，其长度是 15.5 cm，即 R 点到 FG 的距离是 15.5cm，宝箭头的大小是 0.8 cm，依据 R 点计算并绘制出 S 点和 T 点，宝箭头的缉明线宽度是 0.1cm，其线迹即多边形 $TRSDC$，R 点到 CD 的距离为 3.8 cm，大袖衩纸样的缝制也采用双折工艺。袖片第一个褶位的 J 点距袖开衩 H 点 2.5cm，其宽 JK 是 2.0cm，第二个褶与第一个褶的间距 KL 是 1cm，第二个褶的宽 LY 为 2.0cm，画出第二个褶。另外，J 点位置也可以根据与 M 点的距离来确定，常用的尺寸是 4~5cm。

三、推板

（一）过肩的分析与推板（图 4-64）

过肩的长度方向基准线约定为过肩分割线 $D_1D_3D_1$，围度方向基准线采用后中线 AD_3。

1. 长度方向的变化量分析

D_1、D_3 点的变化量　这两点都在基准线过肩分割线上，所以，它们的变化量都为 0。

A 点的变化量　在传统的裁剪制图中，AD_3 所示的宽度一般尺寸较稳定，虽然有时小号规格窄一点，大号规格宽一点，但相差不多，因此，在进行推板时，可以采取 AD_3 的宽度不变，即 A 点变化量=0。

B_1、C 点的变化量 B_1 点的变化量在实际操作时仍取 0，在裁剪时通过剪在线外和线里的方式进行处理；同样，C 点的变化量也与 B_1 点类似。

图 4-64 过肩裁剪纸样推板

2. 围度方向的变化量分析

A、D_3 点的变化量 由于这两点都在基准线上，因此 A、D_3 点变化量为 0。

B_1 点的变化量 该点在后领口的延长线上，而后领宽的计算公式为领围/5-0.7cm，则后领宽的变化量=领围档差/5=1/5=0.2（cm），即 B_1 点变化量=0.2cm。

C、D_1 点的变化量 由于肩宽档差是 1.2cm，一半的肩宽变化就是 0.6cm，而 C、D_1 点与肩点相关，因此 C、D_1 点变化量=0.6cm。

（二）后片的分析与推板（图4-66）

后片长度方向的基准线约定为胸围线，围度方向的基准线采用后中线。

1. 长度方向的变化量分析

E、E_1 点的变化量 这两点都在基准线胸围线上，所以，它们的变化量都为 0。

D_4 点的变化量 D_4 点为袖窿线与过肩分割线的交点，根据传统制图，袖山斜线长＝袖窿弧长/2cm，而整个袖窿弧长的变化量通过计算近似等于2cm，这样，袖山斜线就变化1cm，而袖肥是直角三角形的一条直角边，因此，袖肥的档差小于1cm，经推导计算，袖肥近似等于成品胸围尺寸/5，则袖肥档差等于 4/5＝ 0.8（cm）。但在此例中，表 4-10 中已经说明袖肥档差来自订单中常使用的数据，所以在进行推板时，袖肥档差就使用表中的数据1cm，根据图 4-68 中袖山高和袖肥的变化量，以及后袖窿宽的变化量，可以确定图 4-65 中肩点在长度方向的变

图 4-65 袖窿袖山对比

化量近似为1.0cm，而过肩在长度方向保持一致，因此，D_4点的变化量也为1.0cm。

D_2点的变化量　该点为后中线与过肩分割线的交点，可根据D_4点变化量计算而得，则D_2点变化量=1.0cm。

D_5点的变化量　D_5点为底边线与后中线的交点，衣长档差是2cm，基准线以上变化了1cm，因此，D_5点变化量=2-1.0=1.0（cm）。

G点的变化量　该点是侧缝与底边线的交点，可根据D_5点变化量计算而得，则G点变化量=D_5点变化量=1.0cm。

2. 围度方向的变化量分析

D_2、D_5点的变化量　这两点都在基准线后中线上，所以，它们的变化量都为0。

D_4点的变化量　该点为袖窿线与分割线的交点，其变化量与过肩D_1点的变化量相关，而D_1点变化了0.6cm，所以，D_4点变化量=D_1点变化量=0.6cm。

E_1点的变化量　E_1点为袖窿线与侧缝的交点，胸围档差是4cm，根据后片胸围的计算公式，E_1点变化量=胸围档差/4=4/4=1.0（cm）。

图4-66　后片裁剪纸样推板

G点的变化量　G点为侧缝与底边线的交点，且G点由E_1点确定，所以G点变化量=E_1点变化量=1.0cm。

确定好各推板点后，使用中间规格纸样绘制放大规格或缩小规格的纸样。

（三）前片的分析与推板（图4-67）

前片长度方向的基准线约定为胸围线，围度方向的基准线采用前中线或前止口线。

1. 长度方向的变化量分析

E、E_1点的变化量　这两点都在基准线胸围经线上，所以，它们的变化量都为0。

图4-67 前片裁剪纸样推板

C_1点的变化量 C_1点为袖窿线与过肩分割线的交点，与后片D_4点的分析过程相同，C_1点变化量=1.0cm。

B_1点的变化量 B_1点为领口线与过肩分割线的交点，根据分割线B_1C_1绘制的过程，B_1点的变化量应该与C_1点一致，所以，B_1点变化量=1.0cm。

D_1点的变化量 D_1点为领口线与前止口线的交点，由于前领宽的变化量是0.2cm，则前领深也变化0.2cm，因此，D_1点变化量=1-0.2=0.8（cm）。

D_3点的变化量 D_3点为底边线与前止口线的交点，由于基准线以上变化了1cm，则D_3点变化量=2（衣长档差）-1=1.0（cm）。

G点的变化量 G点为侧缝线与底边线的交点，该点与后片的G点变化相同，G点变化量=1.0cm。

胸袋各点的变化量 由于L、K点距胸围基准线的大小不变，因此，这两点的变化量为0；而胸袋的长度变化是0.5cm，则M、P、N点变化量=0.5cm。

2. 围度方向的变化量分析

D_1、D_3、D、H点的变化量 这些点都在基准线上或与基准线的距离保持不变，如D_1、D_3点在前中线上，D、H点在前门襟止口线上，所以，它们的变化量都为0。

C_1点的变化量 C_1点为袖窿线与过肩分割线的交点，由于肩宽的档差是1.2cm，所以，C_1点变化量=1.2/2=0.6（cm）。

B_1点的变化量 B_1点为领口线与过肩分割线的交点，后领宽的变化量是0.2cm，同样，前领宽也变化0.2cm，因此，B_1点变化量=0.2cm。

E_1 点的变化量　E_1 点为袖窿线与侧缝线的交点，根据前胸围的计算公式，E_1 点变化量 = 胸围档差/4 = 4/4 = 1.0（cm）。

G 点的变化量　G 点为侧缝线与底边线的交点，且该点由 E_1 点确定，所以，G 点变化量与 E_1 点相同，为 1.0 cm。

胸袋各点的变化量　K 点相对于袖窿的距离不变，所以，K 点变化量为 0.6 cm；而 N 点与 K 点处在同一袋边线上，则 N 点变化量也是 0.6 cm；由于胸袋宽度变化量为 0.5cm，因此，L、M 点变化量 = 0.6-0.5 = 0.1（cm）；P 点是胸袋的袋尖点，通过计算，P 点变化量 = （$M+N$）/2 = （0.1+0.6）/2 = 0.35（cm）。

确定好各推板点后，使用中间规格纸样绘制放大规格或缩小规格的纸样。

（四）袖片的分析与推板（图4-68）

袖片长度方向的基准线约定为袖肥线，围度方向的基准线采用袖中线。

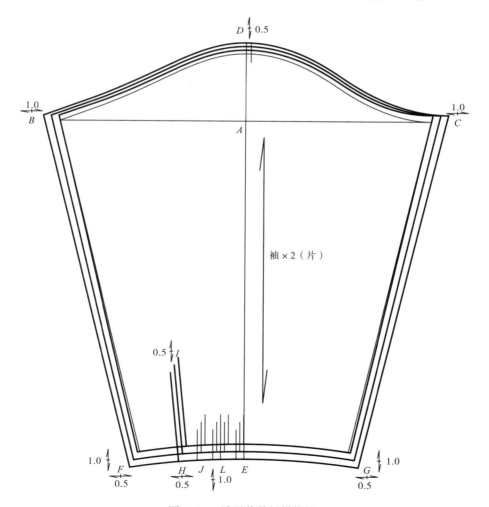

图4-68　袖子裁剪纸样推板

1. 长度方向的变化量分析

B、*C* 点的变化量　这两点都在基准线袖肥线上，所以，它们的变化量都为 0。

D 点的变化量　*D* 点为袖山顶点，根据传统的裁剪方法，袖山高等于 1/4 袖窿弧长，而袖窿的档差近似等于胸围档差的一半，因此，*D* 点在长度方向的变化量采用 0.5cm。

F、*H*、*J*、*L*、*E*、*G* 点的变化量　这些点均在袖口上，袖长档差是 1.5cm，袖山高变化了 0.5cm，则袖口上的各点都变化 1cm。

I 点的变化量　*I* 点位于袖衩上，假设袖衩长度变化 0.5cm，由于 *H* 点变化了 1cm，因此，*I* 点变化量 = 1-0.5 = 0.5（cm）。

2. 围度方向的变化量分析

D、*E* 点的变化量　这两点都在基准线袖中线上，所以，它们的变化量都为 0。

B、*C* 点的变化量　*B*、*C* 点位于基准线袖肥线上，由于袖肥档差是 1.0cm，这样，*B*、*C* 点变化量 = 1.0cm。

F、*G* 点的变化量　*F*、*G* 点位于袖口线上，袖口档差是 1cm，则 *F*、*G* 点变化量 = 1/2 = 0.5（cm）。

H、*I*、*J*、*L* 点的变化量　这些点位于袖开衩及褶上，假设袖开衩到袖底缝的大小不变，褶的确定相对于袖开衩的距离也不变，则 *H*、*I*、*J*、*L* 点变化量 = 0.5cm。

确定好各推板点后，使用中间规格纸样绘制放大规格或缩小规格的纸样。

（五）衬衫领、门襟边及其他小部件的分析与推板

1. 衬衫领（图4-69）

衬衫领的推板比较简单，对于衬衫领的翻领和领座而言，通常采用放缩后领中线的方法，由于领围的档差是 1cm，一半的领子放缩为 0.5cm；在领座的下口沿边上，有一与过肩对合的对位点，它的变化量是 0.3cm。

2. 贴襟

通常，贴襟的宽度在推板时不变，其长度的变化要根据前片纸样的变化，从图4-67中可以分析得到，前片的前襟长度变化是 1.8cm，因此，贴襟的长度变化就是 1.8cm。由于贴襟

图4-69　衬衫领裁剪纸样推板

的领口弧线变化较小，因此可以领口弧线作为长度的基准线，这样贴襟底边的变化量就是 1.8cm。

贴襟的扣位变化如下：通过分析，扣位的间隔变化是 0.3cm，具体的数值变化如图4-70 所示。

图 4-70　门襟边裁剪纸样推板

3. 袖头及大、小袖衩

袖口档差是 1cm，因此，袖头围度变化量就是 1.0cm，通常，袖头的宽度不变。袖开衩的变化量是 0.5cm，图 4-71 中的大、小袖衩推板只在一端放缩 0.5cm。

图 4-71　袖头及大、小袖衩裁剪纸样推板

4. 胸袋

胸袋的长和宽都变化 0.5cm，它的推板放缩也比较简单，如图 4-72 所示。

四、部分工艺纸样

男衬衫的工艺纸样通常有门襟边、大袖衩、袖头、胸袋、翻领和领座等，图 4-73 所示为中间规格袖头的工艺纸样，采用它缉袖头裁片，可使袖头规格一致；图 4-74 所示为中间规格胸袋的工艺纸样，采用它扣烫胸袋裁片，以便于车缝；图 4-75 所示为中间规格衬衫领工艺纸样。

图 4-72　胸袋裁剪纸样推板

图 4-73　袖头工艺纸样

图 4-74　胸袋工艺纸样

图 4-75　衬衫领工艺纸样

本节思考题

1. 在后片推板时为什么 D_4 点的变化量近似等于 1cm？请结合袖山和袖肥的变化以及后片胸围和背宽的变化进行说明。

2. 如果袖山的高度在推板时不变，前、后袖窿及袖片如何变化？

3. 为什么袖子袖口的尺寸是 27cm，重叠量 2cm 是怎样处理的？试用 1：1 的纸样进行操作。

4. 为什么领座对位点的变化量是 0.3cm？

5. 缩小规格和放大规格的工艺纸样怎样处理？

6. 翻边门襟上扣位的工艺纸样如何处理？

7. 如果本例衬衫长度方向尺寸不变，只是围度方向尺寸发生变化，应如何放缩？

8. 表 4-11 所示为某企业的衬衫规格尺寸表，请绘制 A 体型和 B 体型纸样并推板。

表 4-11　某企业的男衬衫规格尺寸　　　　　　　　　单位：cm

部位	规格				
	165/80	170/84	170/88	175/92	175/96
领 大	37	38	39	40	41
衣长（平）	70	72	72	74	74
衣长（圆）	74	76	76	78	78
胸围（A 体型）	100	104	108	112	116
胸围（B 体型）	102	106	110	114	118
肩宽（A 体型）	44.2	45.4	46.6	47.8	49
肩宽（B 体型）	43.8	45	46.2	47.4	48.6
长袖长	57	58.5	58.5	60	60
短袖长	24	25	25	26	26
长袖口	24	24.5	25	25.5	26
袖肥	22	23	24	25	26

部位	规格				
	180/100	180/104	185/108	185/112	190/116
领大	42	43	44	45	46
衣长（平）	76	76	78	78	80
衣长（圆）	80	80	82	82	84
胸围（A 体型）	120	124	128	132	136
胸围（B 体型）	122	126	130	134	138
肩宽（A 体型）	50.2	51.4	52.6	53.8	55
肩宽（B 体型）	49.8	51	52.2	53.4	54.6
长袖长	61.5	61.5	63	63	64.5
短袖长	27	27	28	28	29
长袖口	26.5	27	27.5	28	28.5
袖肥	27	28	29	30	31

第六节　分割线夹克

一、款式说明、示意图及规格尺寸

分割线在夹克中使用非常普遍，因此，分割线夹克的推板就显得很有特点。本例的夹克不带衣里，主要由前片、后片、衣领、下围和衣袖构成。其中，前片由前育克、前搭门、前中、前侧、挂面、胸袋和斜插袋组成；后片由后育克、后中和后侧组成；衣袖则分成大、小袖及袖头三部分。由于前身为左片压右片，这样，左前片上锁有 6 个横向圆头扣眼，大小为 2cm，右片钉工字扣；左、右各有一胸袋和斜插袋，胸袋的袋盖大 12cm，斜插袋的袋口长是 12cm、宽是 2cm；下围的宽度是 5cm，左右侧缝各有一个搭扣襻，长 5cm、宽 2cm，上锁一圆头扣眼，大小为 2cm，各钉两个工字扣，它们的间距是 2.5cm；领子采用一片领的工艺，领角尺寸是 9cm，后领中宽度为 8cm；袖子的分割线与后育克的分割线在袖窿处对合，袖口上收两个褶，每个褶的大小是 2cm，袖衩长是 10cm，第一个褶到开衩的距离是 3cm，两个褶的间距是 1cm，袖头宽是 5cm，上有一圆头扣眼，大小是 2cm，距边 2cm 钉一工字扣。各条接缝处均采用双明线工艺。图 4-76 所示为分割线夹克款式结构示意图，表 4-12 所示为分割线夹克规格尺寸表。

前身　　　　　后身

图 4-76　分割线夹克款式结构示意图

表 4-12　分割线夹克规格尺寸　　　　　　　　单位：cm

部位	规格			档差
	S	M	L	
领围	46	47	48	1.0
衣长	58	60	62	2.0
胸围	116	120	124	4.0
下围	96	100	104	4.0
肩宽	48.8	50	51.2	1.2
袖长	54.5	56	57.5	1.5

部位	规格			档差
	S	M	L	
袖口	27	28	29	1.0
袖肥	24	25	26	1.0

注 1. 中间规格 M 对应国家标准中的 170/88A，S 规格对应 165/84A，L 规格对应 175/92A。

2. 在设计制板尺寸时，不含其他任何影响成品规格的因素，如缩水率等。

二、基本纸样的分析及绘制

（一）后片（图4-77）

图 4-77 后片净纸样

$A \sim F_1$　后中基础线，$AF_1 = 60cm$。

$A \sim C_1$　过 A 点画 AF_1 的垂线 AC_1，由于肩宽尺寸是 50cm，则量取 $AC_1 = 肩宽/2 = 50/2 = 25$（cm）。

后领口　如表 4-12 所示 M 规格的领围是 47cm，计算后领宽的公式为领围/5 − 0.7cm，即 $AB_1 = 47/5 − 0.7 = 9.4 − 0.7 = 8.7$（cm），过 B_1 点作后领深 BB_1 垂直于 B_1A，取 BB_1 等于 2.5cm，画顺后领弧线 AB。

$B \sim C$　过 C_1 点作 CC_1 垂直于 AC_1，取 $CC_1 = 2cm$，连接 BC 为后肩线。

后袖窿弧线　过肩点 C 点作 CC_2 平行于 AC_1，取 $CC_2 = 1.5cm$，过 C_2 点作 C_2E_2 平行于后中基础线 AF_1，C_2E_2 的确定与第五节男衬衫确定袖窿深线的方法相似，为保证袖山弧长和袖窿弧长相匹配，通过计算和比较，$C_2E_2 = 24.4cm$。过 E_2 点作胸围线 EE_1 垂直于 AF_1，$EE_1 = 胸围/4 = 120/4 = 30$（cm），画顺后袖窿弧线。

$E_1 \sim G_1$　过 E_1 点作 E_1G_1 平行于后中基础线 AF_1，由于夹克下围的宽度是5cm，所以，后片的制板长度＝60-5＝55（cm），即图中的 AF 线，过 F 点作 G_1F 垂直于后中基础线 AF_1。

下围 夹克的下摆是采用收腰的工艺，表4-12中下摆的围度是100cm，计算并分配得到后片的下摆围度＝100/4＝25（cm），图中多边形 $FF_1F_2F_3$ 就是后片下围，由于 FF_3＝25cm，则后片的下摆尺寸也应该是25cm。

分割线 由于夹克的后片分成后育克、后中和后侧三片，在后中基础线 AF_1 上取 AD＝14cm，过 D 点作 DD_1 垂直于 AF_1，多边形 ADD_1CB 就是后育克净纸样；在分割线 DD_1 上取 DD_2＝16cm，在下摆线 FG_1 上取 FH＝10cm，连接 D_2H，多边形 $DFHD_2$ 就是后中片净纸样，D_2H 与胸围线的交点是 H_1；过 H 点量取 HK＝2cm，KG＝25-10＝15（cm），连接 H_1K，连顺侧缝线 E_1G，多边形 $D_2H_1KGE_1D_1$ 就是后侧片净纸样。由于该款式的分割线主要起到装饰作用，因此图中的 AD、DD_2 和 FH 的尺寸可以作适当调整，以达到美观的效果。

（二）前片（图4-78）

$B_1 \sim B_4$ 前中基础线，B_1B_4＝60cm。

$B_1 \sim C_1$ 过 B_1 点画 B_1B_4 的垂线 B_1C_1，由于肩宽尺寸是50cm，则量取 B_1C_1＝肩宽/2＝50/2＝25（cm）。

前领口 在 B_1C_1 上取 B_1B＝后领宽，在前中基础线上取 B_1B_2＝B_1B+0.6cm。通常，夹克的搭门大小是2cm，画前襟止口线 AF_1。画前领弧线 BB_2 并延长至 A 点，量出后领弧线和前领弧线之和，并与表4-12所示的领围尺寸的一半进行比较，如不匹配，需及时调整。

$B \sim C$ 过 C_1 点作 CC_1 垂直于 B_1C_1，取前落肩 CC_1＝5cm，连接 BC 为前肩线。

前袖窿弧线 过肩点 C 点画 CC_2，取 CC_2＝2.5cm，过 C_2 点作胸宽线 C_2E_2，E_2 点在胸围线上，也就是说胸宽比背宽小1cm，注意使前片 B_1C_1 到 EE_1 的距离与后片 AC_1 到 EE_1 的距离相等，绘制出胸围线，根据前胸围＝胸围/4，得到前胸围 EE_1 等于30cm。画顺前袖窿线。

$E_1 \sim G_1$ 过 E_1 点作前中基础线的平行线 E_1G_1，下摆线 FG_1 的确定与后片相同。

图4-78 前片净纸样

下围　前片的下摆也采用收腰处理，下摆的围度也是 25cm，图中的多边形 $FF_1F_2F_3$ 就是前片下围，只是其中包含 2cm 的搭门量，即 $FF_3 = 25+2 = 27$（cm）；以前下围 F_2F_3 为中线，左右各取 2.5cm，在下围的正中画搭扣襻位置。

分割线　由于前片由前育克、前搭门、前中片和前侧片组成，因此，就要对前片进行分割，在前襟止口线 AF_1 上取 $AD = 9cm$，注意，D 点位置的确定还要考虑到扣眼位置，以防锁扣眼时靠近分割线。过 D 点作 DD_1 垂直于前襟止口线，在分割线 DD_1 上量取 $DD_2 = 8.5cm$，$D_4D_5 = 10cm$，由于前中片通常是对称处理，所以，作 D_4D_5 的中线，即图中前中片上的虚线，然后在下摆线 FF_3 上左右对称量取 $F_5F_6 = 7cm$，多边形 $D_4D_5F_6F_5$ 就是前中片净纸样；与后片类似的处理方法，量取 $F_4F_5 = F_6F_7 = 1cm$，连接 E_3F_4 和 E_4F_7 两线。

口袋　袋盖宽 $D_2D_3 = 12cm$，袋盖两侧边的长度是 4cm，袋尖距 D_2D_3 为 5cm；胸袋两边的长度是 11cm，胸袋尖距袋上口边 12cm；斜插袋的袋口长是 12cm、宽是 2cm，它的位置应依据服装的胸围、衣长及分割线的情况而确定。

扣位　中线上距 B_2 点 2cm 为第一个扣位点，最后一个扣位点在下围的中间，然后，把两扣位之间的距离平均分成 5 等份，画出其余 4 个扣位点。

挂面　通常，夹克门襟部位采用挂面的缝制工艺，图中多边形 AB_5F_8F 就是挂面的净纸样。

所有接缝采用包缝工艺，前、后片上各分割片的缝份均为 1.3cm，图 4-79 所示为前、后各分割片裁剪纸样图。

（三）衣领

表 4-12 所示的领围尺寸是 47cm，一半的领围为 23.5cm。如图 4-80 所示，画基础线 OC，过 O 点作 DO 垂直于 OC，量取 $OA = 4cm$，由于后领中高是 8cm，取 $AD = 8cm$；过 A 点作 AB 垂直于 OD，AB 的大小是后领弧长的尺寸，过 B 点量到 C 点，$BC = 23.5$-后领弧长即可。画顺衣领下口弧线，确定出肩缝的对合点 B_1，过 C 点量取 $CE = 9cm$，领尖根据具体款式而定，连顺领子的外口弧线 DE。衣领的缝份是 1.3cm。

（四）衣袖及袖头

$B \sim C$　袖肥基础线，长度等于两倍的袖肥尺寸，即 $BC = 25×2 = 50$（cm），取 BC 的中点 A。

$D \sim D_1$　过 A 点作 BC 的垂线 DD_1，取袖山高 $AD = 10cm$，连接 BD 和 DC，按画袖山弧线的方法，画顺袖山弧线，与此同时一定要注意前、后袖窿与袖山弧长的匹配关系（参见本章第五节衬衫袖与袖窿的调整绘制）。由于袖长是 56cm，且袖头宽度是 5cm，因此，DD_1 = 袖长-袖头宽 = 56-5 = 51（cm）。

$F \sim G$　过 D_1 点画袖口线 FG，由于袖头的围度是 28cm，而且袖口收两个 2cm 的褶，则 FG = 袖头宽+2 个褶量 = 28+2×2 = 32（cm），以 D_1 点为 FG 的中点连接 BF 和 CG。

图 4-79　前、后各片裁剪纸样图

分割线　在款式描述中，袖子的分割线与后片的分割线在袖窿处对合，因此，图 4-77 中后袖窿弧线上的 E_1D_1 要与袖山弧线上的 BE 弧线相匹配，过 E 点作 EH 垂直于袖肥基础线 BC，袖开衩 HI 的长度是 10cm。

褶　在 FG 上从 H 点量 3cm 到 K 点，向右移 2cm 为第一个褶的大小，间隔 1cm，从 L 点向右量 2cm，画出第二个褶位。衣袖净纸样如图 4-81 所示。

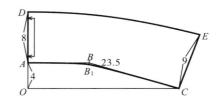

图 4-80　衣领净纸样

袖片的缝份是 1.3cm，袖衩采用三卷边的工艺，小袖的袖衩缝份是 2.6cm，大袖的袖衩缝份是 2cm。图 4-82 所示为大、小袖的裁剪纸样图。

袖头围度是 28cm、宽 5cm，画出袖头的纸样，同时画出扣眼和扣位，它们分别距袖头边 2cm，袖头的缝份是 1.3cm，袖头裁剪纸样如图 4-83 所示。

图 4-81　衣袖净纸样

图 4-82　大、小袖裁剪纸样

图 4-83 袖头裁剪纸样

(五) 其他部件及下围

如图 4-84 所示，搭扣襻的宽度是 2cm、长度是 5cm，它的裁剪纸样制板长度 = 两个 1.3cm 的缝份宽 + 两倍的搭扣襻长 = 2×1.3+2×5 = 12.6（cm），宽度 = 两个 1.3cm 的缝份宽 + 搭扣襻宽 = 2×1.3+2 = 4.6（cm）；前袋盖的制板尺寸在净袋盖的每边加 1.3cm 的缝份；由于胸袋需要胸袋布，根据缝制工艺，胸袋的制板尺寸在缉胸袋明线（图 4-78）的各边都加 1.3cm 的缝份；斜插袋的长度是 12cm、宽度是 2cm，因此，其裁剪纸样制板宽度 = 两个 1.3cm 的缝份宽 + 两倍的净宽 = 2×1.3+2×2 = 6.6（cm），长度 = 两个 2cm 的缝份宽 + 净长 = 2×2+12 = 16（cm），其中，斜插袋的嵌线有两片，斜插袋垫布也有两片；斜插袋的袋布中，大、小袋布各有两片。

图 4-84 搭扣襻、胸袋盖、胸袋布及斜插袋各片裁剪纸样

下围的长度是 100cm、宽度是 5cm，因此，其裁剪纸样制板长度 = 100 + 两个缝份宽 + 两个搭门宽 + 1cm 操作电剪切割的误差量 = 100+2×1.3+2×2+1 = 107.6（cm），宽度 = 两个缝份宽 + 两个下围宽 = 2×1.3+2×5 = 12.6（cm），下围的裁剪纸样如图 4-85 所示。

图 4-85 下围裁剪纸样

三、推板

（一）后育克的分析与推板（图4-86）

后育克长度方向的基准线约定为后育克分割线 DD_1，围度方向的基准线采用后中线 AD。

1. 长度方向的变化量分析

D、D_1 的变化量　这两点都在基准线分割线上，所以它们的变化量都为 0。

A 点的变化量　A 点为后领弧线与后中线的交点，由于 AD 近似等于 $AE/2$（图4-77），而 AE 变化 1cm（其分析过程与图4-66中 D_4 点类似），因此，A 点变化量为 0.5cm。

B 点的变化量　B 点为肩线与后领弧线的交点，B 点与 A 点有关，A 点的变化量可以作为 B 点的变化量，即 B 点

图4-86　后育克裁剪纸样推板

变化量≈0.5cm，但是，在实际剪切纸样时，放大规格采用剪在线外的方法，缩小规格则剪在线里的方法（参见图3-13）。

C 点的变化量　C 点为袖窿线与肩线的交点，且该点也与 A 点有关，即 C 点变化量≈A 点变化量=0.5cm，但在剪切纸样时，操作过程与 B 点相反，即放大规格采用剪在线里的方法，缩小规格剪在线外的方法。

2. 围度方向的变化量分析

A、D 点的变化量　这两点都在基准线后中线上，所以，它们的变化量都为 0。

B 点的变化量　B 点为肩线与后领弧线的交点，由于领围的档差是 1cm，根据后领宽的计算公式，B 点的变化量应该是领围档差/5，即 B 点变化量=1/5=0.2（cm）。

C 点的变化量　C 点为袖窿线与肩线的交点，肩宽的档差是 1.2cm，一半的变化量就是 0.6cm，即 C 点变化量=0.6cm。

D_1 点的变化量　D_1 点为袖窿线与后育克分割线的交点，从绘图的过程看，D_1 点与 C 点相关，应该变化 0.6cm，但在实际的绘制中，由于考虑人体结构的变化，D_1 点稍微比 C 点的变化量大些，在本例中，D_1 点变化量=0.7cm。

确定好各推板点后，使用中间规格后育克纸样绘制放大规格或缩小规格的纸样。

（二）后中片的分析与推板（图4-87）

后中片长度方向的基准线约定为胸围线 EH_1，围度方向的基准线采用后中线 DF。

1. 长度方向的变化量分析

E、H_1点的变化量　这两点都在基准线胸围线上，所以，它们的变化量都为0。

D_1、D_2点的变化量　D_1、D_2点位于后育克分割线上，前述分析已知 A 点到胸围线的距离变化1cm，而后育克中 A 点在长度方向已经变化了 0.5cm（图4-86），因此，D_1、D_2点变化量＝1-0.5=0.5（cm）。

F、H点的变化量　F、H点位于下摆线上，衣长档差是2cm，后育克变化了0.5cm，后中片胸部以上也变化了0.5cm，因此，F、H点变化量＝2-0.5-0.5=1.0（cm）。

2. 围度方向的变化量分析

D、F点的变化量　这两点都在基准线后中线上，所以，它们的变化量都为0。

H_1点的变化量　H_1点为胸围线与分割线 D_2H 的交点，胸围档差是4cm，则后胸围的变化量就是1cm，而后胸围被分成两份，为了计算方便，可以约定后中片胸围的变化量是 0.5cm，这样，该交点的变化量就是 0.5cm。

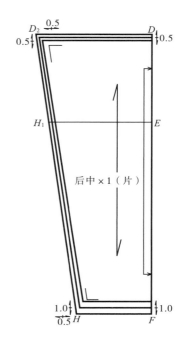

图4-87　后中片裁剪纸样推板

H点的变化量　H点为分割线 D_2H 与下摆线 FH 的交点，下围档差是4cm，那么，后片下围的变化量也是1cm，与后胸围一样，下围也分成两份，一份的变化量也按0.5cm处理，则 H 点变化量＝0.5cm；根据已确定的各推板点，绘制分割线 DD_2 放大和缩小后的两线、下摆线 FH 放大和缩小后的两线、分割线 HH_1 放大和缩小后的两线，延长 HH_1 放大和缩小后的两线，分别与相应的分割线 DD_2 放大和缩小后的两线相交，从而可以推算出 D_2 点在围度的变化量，近似等于 0.5cm。完成后中片裁剪纸样的推板。

（三）后侧片的分析与推板（图4-88）

后侧片长度方向的基准线约定为胸围线 E_1H_1，围度方向的基准线采用侧缝基础线 E_1G_1。

1. 长度方向的变化量分析

E_1、H_1点的变化量　这两点都在基准线胸围线上，所以，它们的变化量都为0。

D_1、D_2点的变化量　D_1、D_2点位于分割线上，已知后中片上的 D_2 点变化量为0.5cm（图4-87），所以，D_1、D_2点的变化量＝0.5cm。

K、G点的变化量　在后中片已经计算得到胸围线以下的变化量是 1.0cm，这样，K、G点变化量＝1.0cm。

图4-88　后侧片裁剪纸样推板

2. 围度方向的变化量分析

E_1、G点的变化量　E_1点在基准线胸围线上，G点在侧缝线上，因此，该点的变化量为0。在绘制纸样时，G点距离侧缝基础线G_1是定数，所以，该点的变化量也是0。

H_1点的变化量　H_1点为分割线与胸围线的交点，后胸围变化1cm，而后中片胸围已变化了0.5cm，所以，H_1点变化量=1-0.5=0.5（cm）。

K点的变化量　K点为下摆线与分割线的交点，后下摆的变化量是1cm，而后中片下摆变化了0.5cm，这样，K点变化量=1-0.5=0.5（cm）。

D_2点的变化量　D_2点为后育克分割线上的点，与后中片确定该交点的方法一样，使放大或缩小的D_1D_2线与放大或缩小的KH_1延长线相交，得到放大和缩小的D_2点，通过推算拟合D_2点围度的变化，也近似等于0.5cm。

D_1点的变化量　D_1点为袖窿线与后育克分割线的交点，后育克中DD_1的变化量是0.7cm（图4-86），而后中片中DD_2已经变化了0.5cm

（图4-87），这样，后侧片中D_1D_2的变化量只能是0.2cm，由于D_2点已变化了0.5cm，那么，D_1点变化量=0.5-0.2=0.3（cm）。

确定好各推板点，并连顺相应的点，完成后侧片裁剪纸样的推板。注意三个规格的侧缝线E_1G不重叠。

（四）前育克的分析与推板（图4-89）

前育克长度方向的基准线约定为前育克分割线DD_1，围度方向的基准线采用前襟止口线AD。

1. 长度方向的变化量分析

D、D_1点的变化量　这两点都在基准线分割线上，所以，它们的变化量都为0。

B点的变化量　B点为前领弧线与肩线的交点，为了与后育克相匹配，也采用0.5cm的变化量，即B点变化量=0.5cm。

C点的变化量　C点为肩线与袖窿线

图4-89　前育克裁剪纸样推板

的交点，C 点的变化量近似 B 点的变化量，即 C 点变化量 $=0.5$cm，但在切割纸样时，放大规格的 B 点剪在线上，C 点剪在线里，缩小规格的肩线正好与放大规格相反。

A 点的变化量　A 点为前领弧线与前襟止口线的交点，由于后领宽变化 0.2cm，因此，前领宽就变化 0.2cm，而前领深是根据前领宽计算而得，则前领深也变化 0.2cm。而分割线 DD_1 是基准线，因此，A 点变化量 $=0.5-0.2=0.3$（cm）。

2. 围度方向的变化量分析

A、D 点的变化量　这两点都在基准线前襟止口线上，所以，它们的变化量都为 0。

B 点的变化量　B 点为前领弧线与肩线的交点，已知前领宽的变化量是 0.2cm，虽然前襟止口线 AD 是基准线，但因前襟止口线到前中线的距离是定数，所以，B 点变化量 $=0.2$cm。

C 点的变化量　C 点为肩线与袖窿线的交点，肩宽档差是 1.2cm，一半的变化量就是 0.6cm，则 C 点变化量 $=1.2/2=0.6$（cm）。

D_1 点的变化量　D_1 点为前育克分割线与袖窿线的交点，该点的分析与图 4-86 中 D_1 相似，即该点变化量取 0.7cm。

确定好各推板点后，使用中间规格前育克纸样绘制放大规格或缩小规格的纸样。

（五）前搭门的分析与推板（图 4-90）

前搭门长度方向的基准线约定为胸围线 EE_3，围度方向的基准线采用前襟止口线 DF。

1. 长度方向的变化量分析

E、E_3 点的变化量　这两点都在基准线胸围线上，所以，它们的变化量都为 0。

D、D_2 点的变化量　D_1、D_2 为前育克分割线上的点，与图 4-87 中分割点的变化量分析相似，因基准线（胸围线）以上需变化 1cm，而前育克已变化了 0.5cm，因此，D、D_2 点变化量 $=1-0.5=0.5$（cm）。

F、F_4 点的变化量　F、F_4 点为下摆线上的点，衣长档差是 2.0cm，而基准线以上已变化了 1cm，则 F、F_4 点变化量 $=2.0-1=1.0$（cm）。

2. 围度方向的变化量分析

D、F 点的变化量　这两点都在基准线前襟止口线上，所以，它们的变化量都为 0。

D_2 点的变化量　D_2 点为前育克分割线上的点，在该片的推板中选取围度变化是 0.5cm，即 D_2 点变化量 $=0.5$cm。

F_4 点的变化量　F_4 点为下摆线与分割线的交点，与 D_2 点围度变化相同，即 F_4 点变化量 $=D_2$ 点变化量

图 4-90　前搭门裁剪纸样推板

=0.5cm。

确定好各推板点后，使用中间规格前搭门纸样绘制放大规格或缩小规格的纸样。

（六）前中片的分析与推板（图 4-91）

1. 长度方向的变化量分析

图 4-91　前中片裁剪纸样推板

前中片选取胸围线 E_3E_4 为长度方向基准线。

D_4、D_5 点的变化量　D_4、D_5 点为前育克分割线上的点，与前搭门相应点的分析相似，D_4、D_5 点变化量 = 0.5cm。

F_5、F_6 点的变化量　F_5、F_6 点为下摆线上的点，与前搭门相应点的分析相似，F_5、F_6 点变化量 = 2.0-1 = 1.0（cm）。

2. 围度方向的变化量分析

选取前中片的中心对称线为围度方向的基准线。

前中片的对称轴是该纸样的基础，所以，围度的变化都应围绕它进行。在本例推板中选取了该纸样 D_4D_5 和 F_5F_6 部位的尺寸不变，这样一来，前中片在围度的推板就不用考虑了。

（七）前侧片的分析与推板（图 4-92）

前侧片长度方向的基准线约定为胸围线 E_1E_4，围度方向的基准线采用侧缝基础线 E_1G_1。

1. 长度方向的变化量分析

E_1、E_4 点的变化量　这两点都在基准线胸围线上，所以，它们的变化量都为 0。

D_1、D_3 点的变化量　D_1、D_3 点位于前育克分割线上，已知前中片上的 D_5 点变化量为 0.5cm（图 4-91），所以，D_1、D_3 点的变化量也为 0.5cm。

G、F_7 点的变化量　G、F_7 点为下摆线上的点，这两点变化量与前中片下摆线上的点变化量相同，即 G、F_7 点的变化量也为 1.0cm。

2. 围度方向的变化量分析

E_1、G 点的变化量　E_1 点在基准线胸围线上，G 点在侧缝线上，因此，E_1 点的变化量为 0。在绘制纸样时，G 点距离侧缝基础线 G_1 是定数，所以，该点的变化量也是 0。

E_4 点的变化量　E_4 点为分割线与胸围线的交点，前片胸围变化量是 1cm，而前搭门胸围变化了 0.5cm，前中片胸围不变，则 E_4 点变化量 = 0.5cm。

F_7 点的变化量　F_7 点为下摆线与分割线的交点，前下摆的变化量是 1.0cm，而前搭门下摆变化了 0.5cm，前中片下摆不变，则 F_7 点变化量 $=1.0-0.5=0.5$（cm）。

D_3 点的变化量　D_3 点为前育克分割线上的点，与后侧片（图 4-88）上 D_2 点的分析相似，D_3 点也近似变化 0.5cm。

D_1 点的变化量　D_1 点为袖窿线与前育克分割线的交点，前育克中分割线 DD_1 的变化量是 0.7cm（图 4-89），而前搭门中 DD_2 已经变化了 0.5cm（图 4-90），前中片中 D_4D_5 不变，这样，前侧片中 D_1D_3 的变化量只能是 0.2cm，由于 D_3 点已变化了 0.5cm，那么，D_1 点变化量 $=0.5-0.2=0.3$（cm）。

确定好各推板点，并连顺相应的点，完成前侧片裁剪纸样的推板。注意三个规格的侧缝线 E_1G 不重叠。

斜插袋　为了计算方便，袋口可不作变化，当该片的放大、缩小规格绘制出以后，使中间规格的侧缝和下摆线与放大、缩小规格的侧缝或下摆线对齐，即可得到推板后的斜插袋位置。

图 4-92　前侧片裁剪纸样推板

（八）大、小袖片的分析与推板（图 4-93）

大、小袖片长度方向的基准线约定为袖肥线，大袖围度方向的基准线是袖中线，小袖围度方向的基准线是分割线 EIH。

1. 长度方向的变化量分析

D 点的变化量　D 点为袖山顶点，在本例的推板中，袖山高变化 0.5cm，即 D 点变化量 $=0.5$cm。

C 点的变化量　由于 C 点在基准线袖肥线上，所以，C 点变化量等于 0。

G、H 点的变化量　G、H 点为袖口线上的点，袖长档差是 1.5cm，袖山高变化了 0.5cm，则袖口线上的各点均变化 $1.5-0.5=1.0$（cm）。

E 点的变化量　E 点为大袖山弧线上的点，该点介于 D 点和 B 点之间，为了计算方便，取 E 点变化量 $=0.4$cm。小袖山弧线上的 E 点的变化量也为 0.4cm。

B 点的变化量　由于 B 点在基准线袖肥线上，所以，B 点变化量等于 0。

F、H 点的变化量　F、H 点为小袖口线上的点，与大袖口的变化量一样，F、H 点变化量 $=1.0$cm。

I 点的变化量　I 点为小袖衩处的点，假设袖衩的长度变化 0.5cm，由于 H 点变化了 1.0cm，所以，I 点变化量 $=1.0-0.5=0.5$（cm）。

图 4-93　大、小袖裁剪纸样推板

2. 围度方向的变化量分析

D 点的变化量　D 点为袖山顶点，由于袖中线为基准线，所以，D 点变化量等于 0。

C 点的变化量　C 点为袖肥线上的点，袖肥的变化量是 1.0cm，所以，C 点变化量 = 1.0cm。

G 点的变化量　G 点为大袖口线上的点，袖头档差是 1.0cm，则 G 点变化量 = 1.0/ 2 = 0.5cm。

E 点的变化量　E 点为大袖山弧线上的点，由于后育克的袖窿弧线变化了 0.5cm，为了与袖山匹配，袖山弧线从 E 点到肩缝的对合点的长度应稍微大于 0.5cm。当 E 点变化 0.5cm 时，袖山弧线与后育克袖窿线匹配，因此，E 点变化量 = 0.5cm。

H 点的变化量　H 点为大袖口线上的点，E 点变化量是 0.5cm，而分割线又与袖中线平行，所以，H 点变化量 = 0.5cm。

I 点的变化量　I 点为大袖衩处的点，该点与 H 点的变化相同，即 I 点变化量 = 0.5cm。

E、I、H 点的变化量　这三个点在基准线小袖分割线上，所以，它们的变化量等于 0。

B 点的变化量 B 点为袖肥上的点，袖肥的档差是 1.0cm，由于在大袖上已经变化了 0.5cm，则 B 点变化量＝1.0－0.5＝0.5（cm）。

F 点的变化量 F 点为小袖口线上的点，袖头档差是 1.0cm，而在大袖上已变化了 1.0cm，因此，F 点变化量等于 0。

（九）衣领、挂面及其他部件的分析与推板

1. 衣领（图 4-94）

领围档差是 1.0cm，而一般衣领的推板比较简单，只要从后中线加减 1.0cm 即可。衣领裁剪纸样推板，如图 4-94 所示。

图 4-94 衣领裁剪纸样推板

2. 挂面

在图 4-78 中的挂面各边加出 1.3cm 的缝份就是挂面的裁剪纸样（图 4-79）。推板时，挂面的宽度不变，通过计算，长度变化量应以领口弧线为基准，下摆位置加长或缩短 1.8cm 即可，如图 4-95 所示。另外，挂面上还要标出锁扣眼和钉扣的位置，经计算，每个扣眼间的距离变化量＝1.8/5＝0.36（cm），因此各点的变化量分别为 0.36cm、0.72cm、1.08cm 和 1.44cm（参见图 4-70 中门襟边的扣位分配）。

图 4-95 挂面裁剪纸样推板

3. 袖头

袖头档差是 1.0cm，它的推板比较简单，如图 4-96 所示。

4. 下围

下围的档差是 4.0cm，其推板与袖头类似。

其他部件，如搭扣襻、胸袋盖、胸袋布、斜插袋布、斜插袋嵌线及袋垫布等均不变。

图 4-96　袖头裁剪纸样推板

下围裁剪纸样推板，如图 4-97 所示。

图 4-97　下围裁剪纸样推板

本节思考题

1. 在后侧片的制板时（图 4-77），能否直接量取 $GH = 15cm$，即多边形 $D_2HGE_1D_1$ 就是后侧片？

2. 在后育克的推板中（图 4-86），D_1 点围度方向的变化量是 0.7cm，能否使用肩点 C 在围度方向的变化量 0.6cm？试从背宽、袖窿宽和胸宽在人体中的尺寸分配进行分析。

3. 在前育克的推板中（图 4-89），它的长度方向变化量是否如图中所示的只能是 0.5cm，如果改变各点的推板数据是多少？

4. 按照前搭门上（图 4-90）D_2 点和 F_4 点在长度方向和围度方向的变化量，该纸样的胸围在围度方向的变化一定是 0.5cm 吗？为什么？在实际工作中，能否这样操作？

5. 在前中纸样推板时（图 4-91），由于围度不变化，那么直接延长 D_4F_5 线和 D_5F_6 线是否可行？

6. 如果前中片纸样中 D_4D_5 和 F_5F_6 都要变化 0.5cm，相关的各片纸样如何处理？

7. 你认为前片的分割线 DD_1 中 DD_2、D_2D_3 和 D_3D_1 的推板量怎样分配更合理，为什么？

8. 请在挂面裁剪纸样上（图 4-95）标出推板后的扣位。

9. 本例夹克中需要哪些工艺纸样？

10. 如果该夹克长度方向的尺寸不变，只是围度方向的尺寸发生变化，那么各部位应如何放缩？

第七节 插肩袖夹克

一、款式说明、示意图及规格尺寸

插肩袖是一种常见的袖型，主要用于夹克、大衣及风衣等，插肩袖既可以是一片袖，也可以是两片袖，一片插肩袖多用于宽松的服装，两片插肩袖则可以用于比较合体的服装。

本例插肩袖夹克的前身由前中片 1、前中片 2、前中片 3、前侧片 1、前侧片 2、前里、腰袋拉链、袋布和侧缝拉链等组成；后身由后中片、后侧片 1、后侧片 2 和后里等组成；袖子由前大袖、前小袖、后大袖、后小袖、袖里、袖袋拉链和袖头等组成；帽子由帽侧片、帽中片和帽里等组成；另外还有衣领等零部件。图 4-98 所示为插肩袖夹克款式结构图，该款插肩袖夹克的规格尺寸如表 4-13 所示。

前身　　　　　　　　　　　　　　　　后身

图 4-98　插肩袖夹克款式的结构图

表 4-13　插肩袖夹克规格尺寸　　　　　　　　　　单位：cm

部位	规格				
	XS	S	M	L	XL
后中衣长	70	73	76	78	80
1/2 胸围	62	64	66	68	70
1/2 下摆围	58	60	62	64	66
袖长（后中量）	87	90	93	96	99
袖肥（袖窿下 2cm）	28	29	30	31	32
1/2 袖口围	15	15.5	16	16.5	17

部位	规格				
	XS	S	M	L	XL
部位	XS	S	M	L	XL
后领宽	21.5	22	22.5	23	23.5
后领深	2	2	2	2	2
前领深	8.5	9	9.5	10	10.5
领围	56	57.5	59	60.5	62
上领围	58	59.5	61	62.5	64
后中领高	10	10	11	11	11
前中领高	9	9	10	10	10
帽高	36	36.5	37	37.5	38
帽宽	24.5	25	25.5	26	26.5
部位1	24	25	26	27	28
腰袋拉链	19	19	20	20	21
侧缝拉链	22	24	26	28	30
袖袋拉链	11	11	12	12	13
肩宽	51.6	52.8	54	55.2	56.4

注 1. 在设计制板尺寸时，不含其他任何影响成品规格的因素，如缩水率等。

2. 部位1指图4-98中前身结构图的前中片1的长度。

3. 袖长的测量方法是从第七颈椎点经肩点量至袖口。

4. 袖肥的测量方法是从袖窿的最低点沿袖底线2cm处垂直量至袖中线。

5. 后领宽尺寸指两个颈侧点之间的距离。

6. 帽子的宽和高尺寸，如图4-98中帽子上的箭头线所示。

7. 表4-13中各规格间的档差不均匀，没有单独列档差一栏。

8. 基本板的规格是M。

二、基本纸样的分析及绘制

（一）袖子基本形（图4-99）

在绘制插肩袖的前、后片纸样前，应根据规格尺寸表的一些数据，先分析并画出袖子的基本形。

$B_1 \sim C_1$　先作袖肥基础线 BC。距 BC 向下2cm处画平行线 B_1C_1，该线为实际测量袖肥尺寸采用的位置，取 B_1C_1 的长度等于两倍的袖肥尺寸，即 $B_1C_1 = 30 \times 2 = 60$（cm）。

$D \sim E$　取 BC 的中点 A，过 A 点作 DE 垂直于 BC，宽松服装可采用低袖山结构，袖山高为8~10cm，图4-99中采用的数据是9cm，袖山顶点为 D。

根据表4-13中袖长的测量方法、肩宽尺寸和款式设计的袖头宽度（4cm），计算得到

$AE=53\text{cm}$。

$F\sim G$　过 E 点作 DE 的一条垂线，由于袖头长为 32cm，左右平分得到 F 点和 G 点。

绘制袖头纸样 $FGKH$。连接 FB_1 和 GC_1 并各自延长，与 BC 线相交，此时，AB 和 AC 才是真正的袖肥尺寸，通过测量为 30.5cm。

连接 BD 和 DC，按画袖山弧线的方法绘制该曲线。结合图 4-100 和图 4-101 袖窿的分析，得到后袖肥为 31.3cm，后袖山弧线为 32.7cm；前袖肥为 29.7cm，前袖山弧线为 31.3cm。图 4-99 所示的 D_1 点是前、后片肩点的对合点，D_1A_1 是袖子真正的袖中线。

图 4-99　袖子基本纸样

（二）后片（图 4-100）

$A\sim A_1$　后中基础线，长度为 76cm。

$A\sim C_1$　过 A 点作 AA_1 的垂线 AC_1。

在表 4-13 中肩宽的尺寸是 54cm，通常在插肩袖的规格尺寸表中没有肩宽尺寸，需要

图 4-100　后片净纸样

根据款式结构并结合胸围等尺寸，设计出肩宽的大小，便于绘制基本纸样。本例的肩宽是经综合考虑后给出的，取 AC_1 = 肩宽/2 = 54/2 = 27（cm）。

后领口　由于整个后领宽的尺寸是 22.5cm，则后片纸样上后领宽 AB_1 为 11.25cm，而不采用前几节中使用的后领宽计算公式（领围/5-0.7cm），过 B_1 点画后领深线 BB_1，该部位尺寸在表 4-13 中为 2cm，画顺后领弧线。

$C \sim B$　过 C_1 点作垂线 C_1C，为 2cm，这样后落肩的大小就是 4cm，连接 CB 为肩线。

后袖窿　过肩点 C 点作 CC_2 平行于 AC_1，取 CC_2 = 1.5cm，过 C_2 点作 C_2E_1 平行于 AA_1。E_1 点和胸围线 ED 的确定：

①后胸围 ED 的大小等于表 4-13 中半胸围尺寸的一半，为 33cm。

②利用规格尺寸表中的袖肥尺寸，确定大致的位置，可参考本章第五节男衬衫中胸围线的方法。

③绘制出前、后袖窿弧线，测量它们的大小，并与图 4-99 中的袖山弧线尺寸进行比较，根据它们的数值调整好胸围线的适当位置，画出后袖窿弧线。

$A_1 \sim F$　过 A_1 点作 AA_1 的垂线 A_1F，由于表 4-13 中半下摆围尺寸是 62cm，所以，$A_1F = 31$cm，连接 EF 为侧缝线。

$B \sim H_1$　由于该插肩袖夹克很宽松，在确定袖中线时可以由肩线 BC 直接延长得到，根据袖长尺寸和测量方法，得到袖口点 H_1，袖头宽 4cm，确定出 H 点。

$G \sim G_1$　对于带衣里的服装，不论是何种款式，衣里纸样中的袖山高和袖肥都必须与大身纸样中的袖山高和袖肥相匹配，也就是说，后片纸样中插肩袖的袖山仍是 9cm，袖肥为 31.3cm，确定 G_1 点，绘制大身的分割线 B_2F_4E 和插肩袖的分割线 $B_2F_4G_1$。

袖口　由于前、后袖肥相差 1.6cm，所以前、后袖口也相差 1.6cm，计算得到后袖口为 16.8cm，绘制出袖头纸样 HKK_1H_1，并连接袖底缝 KG_1。

根据后身的款式结构示意图，确定各分割线的位置。各分割片纸样除下摆的缝份为 4cm 外，其他都是 1cm。

（三）前片（图 4-101）

$A \sim A_1$　前中基础线，长度为 76cm。

$A \sim C_1$　过 A 点作 AA_1 的垂线 AC_1，长度等于肩宽的一半，即 $AC_1 = 27$cm。

$A_1 \sim F$　过 A_1 点作 AA_1 的垂线 A_1F，长度等于半下摆围的一半，即 $A_1F = 31$cm。

前领口　在 AC_1 上取 AB 等于整个后领宽的一半为 11.25cm，根据表 4-13 中前领深为 9.5cm，量取 $AB_1 = 9.5$cm，画出前领口弧线，测量出前、后领弧线的长度，两者之和必须与表 4-13 中领围 59cm 的一半匹配，如有偏差，只能调整领口弧线的形状。

前袖窿　过 C_1 点作 AC_1 的垂线 C_1C，取 $C_1C = 4.5$cm，该数值即为前片纸样的落肩量，过肩点 C 点作 CC_2 平行于 AC_1，取 $CC_2 = 2.5$cm，过 C_2 点画胸宽线 C_2E_1，前片纸样中胸围线 DE 的确定参见图 4-100 和后片纸样的文字说明，DE 仍等于半胸围的一半，为 33cm。画顺前袖窿弧线，连接侧缝线 EF。

前袖　与后片相同，前插肩袖的袖中线从肩线 BC 直接延长得到，根据袖长尺寸和测量方法，得到袖口点 H_1，袖头宽 4cm，确定出 H 点。

在绘制纸样时，必须注意前、后插肩袖的袖山高相同。根据图 4-99 袖子基本纸样和相应的文字说明，得到前袖肥为 29.7cm，确定 G_1 点，绘制大身的基本分割线 B_3F_4E 和插肩袖的分割线 $B_3F_4G_1$。

由于袖口尺寸为 32cm（表 4-13 中，1/2 袖口围为 16cm），已知后袖口为 16.8cm，那么前袖口就等于 15.2cm，绘制出袖头纸样 HKK_1H_1，连接袖底缝 KG_1。

领　在图 4-98 前身的结构示意图中，领子的一部分与前片成一整体，根据表 4-13，前中领高为 10cm，取 $B_1A_2 = 10$cm，图 4-101 中的 B_1B_3、A_2B_4 和 B_3B_4 的尺寸必须与图 4-102 衣领净纸样中的 EC、FD 和 EF 的大小相匹配，两者统一分析，才能绘制出比较合理

图 4-101　前片净纸样

的纸样，即 $B_1B_3 = EC = 8\text{cm}$，$A_2B_4 = FD = 6.3\text{cm}$，$B_3B_4 = EF = 10\text{cm}$。在设计 B_1B_3 的尺寸时，要尽量保证前身结构图所示的形状。

根据前身的结构示意图，确定各分割线、拉链和口袋的位置。各分割片纸样除下摆的缝份为 4cm 外，其他缝份都是 1cm。

（四）衣领

表 4-13 中领围的尺寸是 59cm，一半的领围为 29.5cm。如图 4-102 所示，画基础线 OC，过 O 点作 BO 垂直于 OC，量取 $OA = 2\text{cm}$，由于后领中高是 11cm，取 $AB = 11\text{cm}$；过 A 点作 AG 垂直于 OB，AG 的大小是后领弧长的尺寸（11.8cm），过 G 点做曲线到 C 点，使 $GC = 29.5 - 11.8 = 17.7$（cm），画顺领下口弧线。过 C 点量取 $CD = 10$（cm）（表 4-13 中的前中领高），在确定 D 点时，还要保证领上口弧线长等于 30.5cm（表 4-13 中上领围的一半）。FD、EC 的大小与图 4-101 中 A_2B_4、B_1B_3 相等。

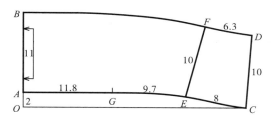

图4-102　衣领净纸样

由于款式的特点，衣领的一部分连在前片纸样上，需要对其进行合理分割，参见前片纸样的相关文字描述。夹克实际的领子是多边形$AGEFB$，领子各边的缝份均为1cm。

（五）帽子

设计在服装上的帽子有多种形式：按纸样片数分两片帽（缝合后是平面型）和三片帽（缝合后是立体型）；按工艺分固定式（轻薄面料，春夏季多用）和脱卸式（秋冬季的服装多用，分有拉链式和系扣式等）。本例采用三片帽结构，由两片帽侧和一片帽中组成。

图4-103中画基础线AA_1，取$A_1B=1.5$cm，过A点作D_2A垂直于AA_1，由于帽高为37cm，结合帽子的特点和分割线的关系，取$AD_2=30$cm，根据帽宽取值的位置，D点距离D_2点为11cm，距离A点为19cm。画出帽宽的测量线，因帽宽的尺寸是25.5cm，结合帽中纸样，$D_1E=19.5$cm。根据帽子缝合的位置及帽侧的特点，取$CA=3$cm，$CB=16.8$cm，图4-104所示帽中的$GI=4.2$cm，两数相加等于21cm，而图4-100中的后领口弧线经测量得出为11.8cm和图4-101中$BB_3=9.7$cm，两数相加为21.5cm，这样，帽子缝合后帽边距离前片分割线B_3点0.5cm。在绘制帽侧和帽中纸样时，注意BE和KG，FD_2E和PMK相互之间尺寸的匹配。帽侧和帽中的缝份都加1cm。

图4-103　帽侧净纸样

（六）袋布等

在规格尺寸表中，腰袋拉链为20cm，缉明线的宽度在图4-101前片纸样中是4cm，以这两个数值为设计元素，绘制出袋布纸样、袋垫布纸样和袋贴布纸样（图4-105），缝份为1cm。

其他如袖头、袖头罗纹、袖拉链袋布及嵌线布等纸样，以及前里、后里及袖里等纸样就不用文字和图示的方式表达了，请根据前面提供的相关纸样进行处理。

图 4-104　帽中净纸样

图 4-105　袋布等纸样

三、推板

（一）袖里的分析与推板（图 4-106）

袖里长度方向的基准线约定为袖肥线 BC，围度方向的基准线采用袖中线 DE。

1. 长度方向的变化量分析

B、C 点的变化量　这两点都在基准线袖肥线上，所以，它们的变化量都是 0。

D 点的变化量　D 为袖山顶点，在规格尺寸表中半胸围档差是 2cm，即胸围档差 4cm，因此袖山高的变化量可采用与前述图 4-68 中男衬衫袖山高的变化分析一样，即 D 点变化量为 0.5cm。

E、F、G 点的变化量　这几点位于袖口线上，在规格尺寸表中袖长档差是 3cm，肩宽档差是 1.2cm，而袖山高变化了 0.5cm，通过计算，袖口在长度方向近似变化 2cm，即 E、F、G 点变化量 = 2.0cm。

2. 围度方向的变化量分析

A、D、E 点的变化量　这些点都在基准线袖中线上，因此，它们的变化量都是 0。

B、C 点的变化量　B、C 点位于袖肥线上，在规格尺寸表中半袖肥的档差是 1cm，所以，B、C 点变化量 = 1.0cm。

F、G 点的变化量　F、G 点位于袖口线上，在规格尺寸表中袖口的档差是 1cm，因

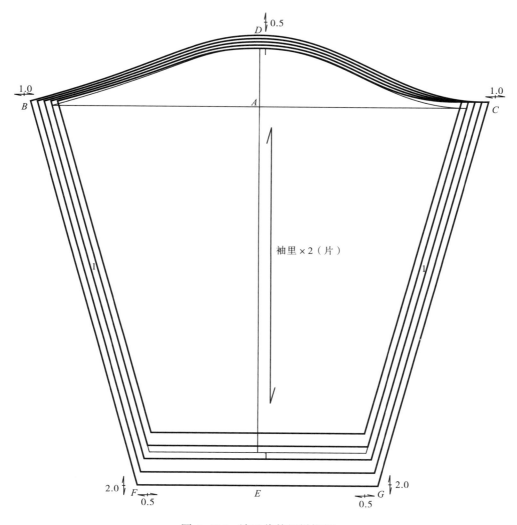

图 4-106　袖里裁剪纸样推板

此，F、G 点变化量＝0.5cm。

（二）后片的分析与推板（图 4-107）

后片长度方向的基准线约定为胸围线 DE，围度方向的基准线采用后中线 AA_1。

1. 长度方向的变化量分析

D、E 点的变化量　这两点都在基准线胸围线上，所以，它们的变化量都是 0。

C 点的变化量　C 点为肩点，根据图 4-106 中袖山高和袖肥的变化量，以及后袖窿宽的变化量（参见第五节男衬衫后片肩点的分析），可以确定图 4-107 中肩点在长度方向的变化近似 1cm，即 C 点变化量＝1.0cm。

B 点的变化量　B 点为颈侧点，在宽松的服装款式中，落肩量在推板时可以考虑不变，这样，B 点变化量＝C 点变化量＝1.0cm。

图4-107 后片净纸样推板

A点的变化量 A点为后领中点在规格尺寸表中，后领深是固定数值，所以A点变化量=B点变化量=1.0cm，后领弧线上的B_2点也等于1.0cm。

A_1、F_1、F点的变化量 A_1、F_1、F点在底边线上，在规格尺寸表中，中间规格以右的档差是2cm，中间规格以左的档差是3cm，由于胸围线以上变化了1cm，则XS和S规格的A_1、F_1和F点就各变化2cm，L和XL规格的这些点就各变化1cm。

F_2点的变化量 F_2点位于侧缝线上，在推板时，FF_2的尺寸通常保持不变，所以F_2点变化量与F点变化量一样。

F_3、F_4点的变化量 F_3、F_4位于分割线上，这两点可以根据其从肩点到基准线（胸围线）的位置比例来确定，F_4点变化量为0.3cm左右；F_3点的变化量比F_4小些，但$F_1F_3F_4L$线和$F_2F_3F_4L$线实际上是两条装饰分割线，略有差异也是可以理解的，在本例中采用F_3点变化量与F_4点一样，也为0.3cm。当然，F_3点采用0.2cm或0.1cm，甚至是0也可以。

2. 围度方向的变化量分析

A、D、A_1点的变化量 这些点都在基准线后中线上，所以，它们的变化量都是0。

B 点的变化量　B 点为颈侧点，后领宽两个颈侧点的档差是 0.5cm，则 B 点变化量 = 0.5/2 = 0.25（cm），而 B_2 点也可以与 B 点的变化量相同。

C 点的变化量　C 点为肩点，由于肩宽档差为 1.2cm，因此 C 点变化量 = 1.2/2 = 0.6（cm）。

E 点的变化量　E 点为胸围线与侧缝线的交点，半胸围档差是 2cm，所以 E 点变化量 = 2/2 = 1.0（cm）。

F、F_2 点的变化量　F、F_2 点为侧缝线上的点，半下摆围档差是 2cm，则 F 点变化量 = 2/2 = 1.0（cm）。F_2 点变化量可采用与 F 点变化量相同。

F_1 点的变化量　F_1 点为底边线上的点，且根据该点所处 FA_1 的分割位置，本例中 F_1 点采用了 0.6cm。

F_3 点的变化量　F_3 点为分割线上的点，为了尽量保持各规格的分割线结构一致，F_3 点可以参照 F_1 点相同的变化量。

F_4 点的变化量　F_4 点为分割线上的点，由于图 4-100 中 F_4 点离背宽位置较近，当胸围档差是 4cm 时，根据胸宽、袖窿宽和背宽的变化量分配关系，背宽的变化量约为 0.7cm，本例中 F_4 点采用的数据也是 0.7cm。

根据以上各点在长度和围度方向的变化数值，确定出各规格推板点的位置，绘制出各规格的后领弧线、肩线、侧缝线、底边线、分割线 F_1F_3、F_2F_3、F_3F_4 和 EF_4B_2 线。

由于在净纸样绘制时（图 4-100），G、G_1、K、L 和 H 点的确定并不是通过胸围线或后中线绘制得到，因此，这些点的变化量就不能用胸围线和后中线作为基准线来计算，而应该通过下面的方法进行绘制：

（1）把中间规格 M、放大规格 L 纸样的肩点及肩线重合，沿 M 规格纸样的袖中线用笔画一条线，该线就是 L 规格纸样的袖中线，同时在该线上标出 L 规格的袖山高，保证 L 规格的袖山高比 M 规格的袖山高大 0.5cm，得到 L 规格纸样的 G 点。

（2）移动 M 规格纸样，使其袖中线与 L 规格纸样的袖中线在 G 点处重合，把 M 规格纸样的袖肥线复制到 L 规格纸样上，即为 L 规格纸样的袖肥线，延长 1cm，得到 L 规格纸样的 G_1 点。

（3）由于袖长档差是 3cm，根据袖长的测量方法，在推板时，使 L 规格纸样的后中线、肩线、袖中线与 M 规格纸样的对应线重合，使 L 规格的袖长比 M 规格的袖长延长 3cm，得到袖口点 H。

（4）过 H 点作 HK 垂直袖中线 HC，然后，使 L 规格纸样的袖中线、袖口线与 M 规格纸样的对应线重合，保证 L 规格的袖口 HK 比 M 规格的袖口大 0.5cm，得到 K 点，并连接 KG_1，KG_1 就是 L 规格纸样的袖底缝线。

（5）根据图 4-100 中后袖口 L 点在 HK 的位置，保证 HL 的大小变化 0.3cm，得到 L 规格纸样的 L 点，并与 L 规格纸样的 F_4 点相连，得到分割线 LF_4。

同理，可绘制出其他规格的后袖纸样图，完成所有 5 个规格的净纸样推板。图 4-108 所示为后身各分割片裁剪纸样推板。

图 4-108　后身各分割片裁剪纸样推板

（三）前片的分析与推板（图 4-109）

前片长度方向的基准线约定为胸围线 DE，围度方向的基准线采用前中线 AA_1。

1. 长度方向的变化量分析

D、E 点的变化量　　这两点都在基准线胸围线上，所以，它们的变化量都是 0。

C 点的变化量　　C 点为肩点，与后片肩点的分析过程一样，C 点变化量 = 1.0cm。

B 点的变化量　　B 点为颈侧点，与后片颈侧点的分析过程一样，B 点变化量 = 1.0cm。

B_1 点的变化量　　B_1 点为前领中点，由于前领深档差是 0.5cm，而 B 点变化了 1.0cm，因此，B_1 点变化量 = 1.0-0.5 = 0.5（cm）。

图 4-109　前片净纸样推板

B_3点的变化量　B_3 点为前领口弧线上的点，且该点在长度方向更接近 B_1 点，同时还要考虑领子的尺寸变化，因此，本例采用的数值与 B_1 相同。

A_2点的变化量　A_2 点为前中线与上领口的交点，根据规格尺寸表提供各规格的前中领高（图 4-101 中 A_2B_1 的尺寸）：XS 和 S 的前中领高是 9cm，M、L、XL 的前中领高是 10cm，由于 B_1 点变化了 0.5cm，则与 M 规格的 A_2 点相对应，L 规格的 A_2 点变化 0.5cm，XL 规格的 A_2 点变化 1.0cm，S 规格的 A_2 点变化 1.5cm，XS 规格的 A_2 点变化 2.0cm。B_4点的变化量与 A_2 点一致。

A_4、F_5点的变化量　A_4、F_5 点为分割线上的点，在表 4-13 中部位 1 的档差是 1cm（参见图 4-101 中 A_2A_4 的尺寸）。由于 A_2 点各规格的变化量已知，因此，与 M 规格的 A_4 点相对应，L 规格的 A_4 点变化 -0.5cm，XL 规格的 A_4 点变化 -1.0cm，S 规格的 A_4 点变化 0.5cm，XS 规格的 A_4 点变化量为 0。F_5 点的变化量与 A_4 点一致。

A_5、F_3点的变化量　A_5、F_3 点为分割线上的点，在推板时，A_4A_5 和 F_5F_3 的大小通常保持不变，所以 A_5 点和 F_3 点变化量与 A_4 和 F_5 变化量相同。

F_4点的变化量　F_4 点为分割线上的点，与后片 F_4 点的分析过程一样，F_4 点变化量=0.3cm。

A_1、F_1、F 点的变化量　这几点均为底边线上的点，与后片各点的分析过程一样，XS 和 S 规格的 A_1、F_1 和 F 点各变化2cm，L 和 XL 规格的这些点各变化1cm。

F_2点的变化量　F_2 点为侧缝上的点，在推板时 FF_2 的大小保持不变，所以 F_2 点在长度方向的变化量与 F 点变化量相同。

F_6点的变化量　F_6 点为侧缝袋口点，表4-13中侧缝拉链长度的档差是2cm，根据 F 点的变化量，相对于 M 规格的 F_6 点，XS 和 S 规格的变化量都是0，L 规格的变化量是 -1.0cm，XL 规格的变化量是-2.0cm。

M、N 点的变化量　M、N 点为分割线腰袋上的点，N 点的变化量与 F_1 点相同。在表 4-13 中 XS 和 S 规格的尺寸是19cm，M 和 L 规格的尺寸是20cm，XL 规格的尺寸是21cm，这样，M 点的变化量与中间规格对应点相比：XS 规格变化3cm，S 规格变化1cm，L、XL 规格变化1cm。

2. 围度方向的变化量分析

A_2、B_1、A_4、A_5、D、A_1点的变化量　这些点都在基准线前中线上，所以，它们的变化量都是0。

B 点的变化量　B 点为颈侧点，与后片颈侧点的分析过程一样，该点变化量为0.25cm。

B_3、B_4点的变化量　B_3点为前领口弧线上的点，B_4 点为上领口弧线上的点，且 B_3 点介于 B_1 和 B 点之间，更靠近 B 点，而 B 点变化了0.25cm，因此，本例中 B_3 点变化量为 0.2cm，B_4点变化量可与 B_3 点相同。

C 点的变化量　C 点为肩点，该点与后片中的肩点对应，所以该点的变化量也是0.6cm。

E 点的变化量　E 点为胸围线与侧缝线的交点，半胸围档差是2cm，所以 E 点变化量=2/2=1.0（cm）。

F 点的变化量　F 点为侧缝线上的点，半下摆围档差是2cm，则 F 点变化量=2/2=1.0（cm）。同样，侧缝线上 F_2、F_6点的变化量与 F 一样。

F_1点的变化量　F_1 点为底边线上的点，根据该点所处 FA_1 的分割位置确定，本例中 F_1 点采用0.6cm。

F_4点的变化量　F_4 点为分割线上的点，该点与后片对应点的分析过程一样，变化量为0.7cm。

F_3、F_5、M、N 点的变化量　这几点为分割线上的点，为了尽量保持各规格的分割线结构一致，F_3点可以参照 F_1 点，即 F_3、F_5点变化量都采用0.6cm。M、N 点在分割线上，只要通过拉链尺寸就可以确定，M、N 点的变化量约为0.6cm。

根据以上各点在长度和围度方向的变化数值，确定出各规格推板点的位置，绘制出各规格的前领口弧线、上领弧线、肩线、侧缝线、底边线、分割线 $F_1F_3F_5$、F_2F_3、F_3F_4、

EF_4、$F_5B_3B_4$、A_4F_5和A_5F_3线。

由于在净纸样绘制时，（图4-101）中的G、G_1、K、L和H点的确定并不是通过胸围线或前中线绘制得到的，因此，这些点的变化量不能用胸围线和前中线作为基准线来计算，而应该通过与图4-107中后袖纸样推板同样的方法和过程得到。

图4-110所示为前身各分割片裁剪纸样推板，注意不同裁剪纸样基准线的变化以及各点的变化。如B_3点相对于基准线$F_5A_4F_5$在长度方向的变化量，与中间规格的对应点，XS规格变化1.0cm，S规格变化为0，L规格变化1.0cm，XL规格变化2.0cm。

图4-110 前身各分割片裁剪纸样推板

前、后片衣里裁剪纸样推板如图4-111所示。

图4-111　前、后片衣里裁剪纸样推板

（四）袖片的分析与推板（图4-112）

根据插肩袖夹克的款式特征，前、后插肩袖应组合成一片纸样，为方便推板，以颈侧点 B 点为基准点，图中 BB_4（该线与图4-109中的前中线平行）、BB_5（该线与图4-109中的胸围线平行）分别是前插肩袖中 B_3、F_3、F_4、F_5 点围度方向和长度方向的基准线；而 BB_6（该线与图4-107中的后中线平行）、BB_7（该线与图4-107中的胸围线平行）分

图 4-112　前、后插肩袖组合后净纸样推板

别是后插肩袖中 F_4' 点围度方向和长度方向的基准线；而袖中线 $BCGH$ 是其他各点围度方向的基准线。

1. 前插肩袖中 B_3、F_3、F_4、F_5 点的变化量分析

根据前片净纸样推板（图 4-109）中这些点长度方向和围度方向的变化量及颈侧点 B 点的变化量，可以计算出各点在前插肩袖中的变化量：B_3 点长度方向变化 0.5cm，围度方向变化 0.05cm；F_3 点和 F_5 点长度方向 XS 规格变化 2.0cm，S 规格变化 0.5cm，L 规格变

化 1.5cm，XL 规格变化 3.0cm，围度方向均变化 0.35cm；F_4 点长度方向变化 0.7cm，围度方向变化 0.45cm。

2. 后插肩袖中 F_4' 点的变化量分析

根据后片净纸样推板（图 4-107）中该长度方向和围度方向的变化量及颈侧点 B 点的变化量，可以计算出该点在后插肩袖中长度方向变化 0.7 cm，围度方向变化 0.45 cm。

3. 插肩袖中其他各点的变化量分析

从图 4-107 和图 4-109 中可以得到插肩袖肩长的变化量，也就是说得到肩点 C 点的放大和缩小的位置，而袖山高变化了 0.5cm，这样就得到 G 点放大和缩小的位置，绘制出 XS、S、L 和 XL 的袖肥线，由于袖肥的档差等于1cm，这样就可以绘制出前插肩袖的 G_1 点和后插肩袖的 G_1' 点。

从图 4-107 和图 4-109 中可以得到插肩袖袖长的变化量，即 H 点各规格的位置，由于袖口档差是 1cm，这样就可以绘制出前插肩袖的 K 点和后插肩袖的 K′点；L 点和 L′点根据纸样结构各变化 0.3cm。

前插肩袖上的袖袋在推板时，在保证距离袖口一端的位置不变的情况下，根据袖袋的尺寸绘制出其余规格的袖袋位置即可。连接各推板点，绘制出袖片的推板净纸样。

（五）衣领的分析与推板（图 4-113）

通过对该服装款式和前、后片纸样的分析，可采取放缩后领中线的方式放缩领子。由于规格尺寸表中领围档差是 1.5cm，一半的变化量就是 0.75cm。根据前插肩袖中相应点的变化量得知，前领口弧线变化 0.3cm（图 4-109 中 B_1B_3 变化 0.2cm）；根据后插肩袖中相应点的变化量得知，后领口弧线变化 0.25cm，因此，后领中的变化量就是 0.55cm，与肩点对合位置的变化量是 0.3cm。注意：根据表 4-13，XS、S 规格的前中领高、后中领高比其他规格分别减小 1cm。图 4-114 所示为衣领裁剪纸样推板。

图 4-113　衣领推板数据

图 4-114　衣领裁剪纸样推板

（六）帽子的分析与推板（图4-115）

在规格尺寸表和测量方法中，帽高和帽宽的档差都是0.5cm，依据上述衣领的推板过程，帽领圈一半的变化量就是0.55cm。

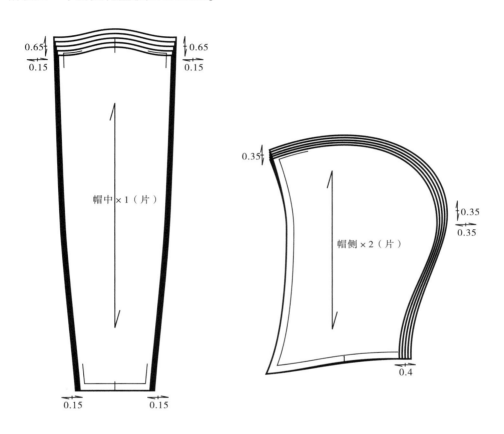

图4-115 帽中和帽侧纸样推板

（七）袋布及其他部分纸样的分析与推板

在表4-13中腰袋拉链 XS 和 S 规格的尺寸是19cm，M 和 L 规格的尺寸是20cm，XL规格的尺寸是21cm，袋布、袋垫布、袋贴布的纸样推板按照拉链的长短进行放缩；而袖袋拉链 XS 和 S 规格的尺寸是11cm，M 和 L 规格的尺寸是12cm，XL 规格的尺寸是13cm，其袋布等纸样也按照拉链的长短进行放缩，请自行绘制。

本节思考题

1. 为什么在用原型绘制插肩袖时辅助的等腰直角三角形通常从肩点向外平移1~2cm，

而本例（图4-100）的辅助等腰直角三角形 C_3CC_4 却没有平移，而直接从肩点处开始绘制？

2. 在绘制本例的插肩袖时，其中图4-100中的辅助等腰直角三角形基本没有使用，是否可以把插肩袖的袖中线确定在该三角形斜边中线 CC_5 以下，为什么？

3. 能否使后袖肥和前袖肥的尺寸都是30cm，为什么？

4. 思考一下哪些部位需要工艺纸样？

5. 如果袖里的袖山高不进行放缩，那么哪些纸样要重新放缩，如何放缩？它的放缩过程是比书中的过程简单还是复杂？

6. 如果该夹克长度方向的尺寸不变，只是围度方向的尺寸发生变化，应如何放缩？

7. 在绘制基本纸样时，当前、后领口弧线长度之和与领围尺寸的一半有偏差时，为什么只能调整领口弧线的形状？能否调整领宽和领深的大小？

第八节　女西装

一、款式说明、示意图及规格尺寸

单排三粒扣平驳领女西装，由前片、后片、平驳领、大袖片、小袖片、挂面、前里、后里、大袖里及小袖里等组成。其中，每片前身有腋下省和腰省各一，双嵌线有袋盖的口袋，袋盖长12.5cm，宽4.5cm。门襟右压左，右门襟上锁有三个扣眼，扣距间隔是10.5cm，其中最下面的扣眼距离底边15cm。驳领宽7.5cm，翻领的领面宽4cm，领座高2.4cm。整个后片上有两个对称的腰省。袖子的开衩长8cm、宽2cm。图4-116所示为女西装的款式结构示意图，表4-14所示为女西装规格尺寸表。

前身　　　　　后身

图4-116　女西装的款式结构示意图

表 4-14　女西装规格尺寸 　　　　　　　　　　　　　　单位：cm

部位	规格			档差
	S	M	L	
领围	35.2	36	36.8	0.8
衣长	58	60	62	2.0
肩宽	38.5	39.5	40.5	1.0
胸围	92	96	100	4.0
腰围	76	80	84	4.0
臀围	94	98	102	4.0
背长	36.8	38	39.2	1.2
袖长	54.5	56	57.5	1.5
袖口	13	13.5	14	0.5

注　1. 中间规格 M 对应国家标准上的 160/84A，S 规格对应 155/80A，L 规格对应 165/88A。

　　2. 胸围的松量是 12cm，腰围的松量 15cm（可调整），臀围的松量是 11cm。

　　3. 在设计制板尺寸时，不含其他任何影响成品规格的因素，如热缩率等。

　　4. 表中领围尺寸是衬衫的领围尺寸，通常西服是穿在衬衫的外面，所以，该服装的领口最好根据衬衫的领围来进行设计。

二、基本纸样的分析及绘制

（一）后片（图 4-117）

$A \sim J$　后中基础线，长度等于衣长 60cm。

$A \sim D$　量取 $AD=$ 净胸围/6+9 = 84/6+9 = 23（cm），其中的 9cm 应根据袖窿的形状、整个袖窿的弧长和袖窿的宽深比进行调整（参见前片纸样袖窿绘制的分析），过 D 点作袖窿深线 ED（也称胸围线）。

$A \sim F$　量取 $AF=$ 背长 = 38cm，过 F 点绘制垂直于 AF 的腰围线 FG'。

$F \sim H$　表 4-14 中有臀围尺寸，因此必须确定臀围线的位置，可量取 $FH=17$cm，绘制臀围线 $I'H$。

$J \sim K'$　过 J 点作下摆基础线 JK' 垂直于 AJ。

$A \sim C'$　过 A 点作 AC' 垂直于 AJ，长度为肩宽的一半，即 $AC'=19.75$cm。

后领口　表 4-14 中领围是 36cm，在 AC' 上量取 $AB'=$ 领围/5+0.7 = 36/5+0.7 = 7.9（cm），过 B' 点向上作 BB' 垂直于 AC'，量取 $BB'=$ 2.5cm，画出后领弧线。

$B \sim C$　过 C' 点向下作 CC' 垂直于 AC'，量取 $CC'=1.5$cm，这样，后片纸样的落肩量就是 4cm，连接后肩线 BC。

$C \sim S$　过 C 点作 CS 平行于 AC'，取 $CS=$ 2cm，过 S 点画出背宽线 ST。

$D \sim E$　取后胸围 $DE=$ 胸围/4 = 96/4 = 24（cm）。

图 4-117　后片净纸样

　　E~K'　过 *E* 点绘制侧缝基础线 *EK'*，其与腰围线的交点为 *G'*，*FG'* = 24cm，由于腰围是 80cm，则后腰围的尺寸 = 腰围/4，即 20 cm，就是说，在腰部应收缩 4cm 的省量，把 4cm 分成两部分，从侧缝 *G'* 点向左移 1.5cm 为 *G* 点，其余的 2.5cm 放在腰省中，取 *FG* 的中点 *M'*，在 *M'* 点的两侧各移 1.25cm，过 *M'* 点画辅助线 *LL'*（省中心线），*L* 点距离胸围线可采用 2cm，*L'* 点在底边线上，*P'* 点在臀围线上。由于臀围是 98cm，则后臀围的尺寸 = 臀围/4，即 24.5cm，因缝制工艺的需要，即省缉完后应剪开，再劈缝，所以在 *P'* 点处必须加入一个量，图中采用 0.8cm 即可，为了保证后臀围的尺寸，在 *I'* 点应向右移 1.3cm，得到 *I* 点。

　　根据计算出的各点画出腰省线 *LMPX* 和 *LNQY*，侧缝曲线 *EGIK*，保证 *K* 点处成直角。

画顺后袖窿弧线，完成后片净纸样图。

缝份的加放量如图4-118所示，后片里的裁剪纸样与面料（大身）裁剪纸样基本相同，只是在底边处，缝份有所区别。

图4-118　后片面及后片里裁剪纸样

（二）前片（图4-119）

延长后颈侧点处的直线、后袖窿深线（胸围线）、后腰线、后臀围线和下摆基础线至前片的 *B* 点、*D'* 点、*F* 点、*H* 点和 *J* 点。

D ~ *J*　前中基础线。

D' ~ *E'*　取前胸围 $D'E' = 胸围/4 = 96/4 = 24$（cm）。

E ~ *K'*　过 *E'* 点画侧缝基础线 *EK'*，交腰围线于 *G'* 点，交臀围线于 *I'* 点，将 *G'* 点右移 1.5cm 得到 *G* 点。由于款式和人体结构的需要，在侧缝处有一腋下省，考虑女子 *A* 体型胸部的特点，通常该省的大小在 2.5~3.5cm 之间。为了兼顾前、后纸样的一致性，在侧缝基础线

EK' 上量取 $EE'=2.5\text{cm}$，过 E 点作 ED 平行于 $E'D'$，得到的 ED 线就是前片的袖窿深线。

图 4-119　前片净纸样

$B'\sim E_1$　通常，女装的胸宽比背宽小 1.5cm，从 E 点量取 $EE_1=7.75\text{cm}$，过 E_1 点作 $B'E_1$ 垂直于 ED。从 B' 点量取前片纸样的落肩量 $B'C'=4.5\text{cm}$，这样前、后落肩量一共是 8.5cm，根据该服装款式、穿着的季节和垫肩的厚薄，这个数值是合理的。

$B\sim C$　过 E_1D 的中点 D_1 作垂线与延长后颈侧点处的直线相交后得到颈侧点 B，前肩长 $BC=\circledcirc-1\text{cm}$，其中 $\circledcirc$ 是后肩的长度，然后画出前袖窿。

下面分析袖窿的形状、整个袖窿的弧长和袖窿的宽深比。把前、后袖窿弧线进行对合，得到图 4-117 中完整的袖窿曲线。

（1）袖窿的形状：女西装袖窿曲线的凹凸应根据人体体形和运动的特点进行处理，即靠近前腋下点处较凹，后腋下点处则相对较缓，曲线呈现前凹后缓的特性。

（2）袖窿的弧长：通常，西装类袖窿的弧线长度约等于成品规格胸围尺寸的一半，如表 4–14 中胸围的尺寸是 96cm，可以采用袖窿弧长约为 48cm。由于年龄、穿着和审美的不同，袖窿的长度也可以设计成 45cm 左右，或者设计成 51cm 左右，本例的袖窿弧长等于 48.4cm（后 AH：24.4cm，前 AH：24cm）。

（3）袖窿的宽深比：如图 4–117 所示，袖窿的宽度是指背宽线和胸宽线之间的实际距离（TT' 为 14cm），袖窿的深度是指前、后肩点到袖窿深线的平均距离（XY 为 20cm），这样，袖窿的宽深比＝袖窿的宽度/袖窿的深度＝14/20＝0.7，这个数值的大小也受人体体型、穿着的舒适性等因素影响。例如，Y 体型的人该比值可以在 0.65 左右，而 B 体型的人该比值可以超过 0.75，因此，这个比值可根据消费者的年龄段、款式的特点和企业对产品的认识进行调整。

（4）袖窿的综合设计：以同胸围不同体型为例进行讨论，如号型规格分别为 160/84A 和 160/84B，由于是相同的净胸围，那么，产品的胸围规格也可以设计成同样的尺寸，在保证袖窿形状的同时，袖窿的弧长也可以处理成同样大小，此时，B 体型人的肩宽、背宽和胸宽都比 A 体型的肩宽、背宽和胸宽小，但 B 体型的人胸腔厚度比 A 体型要大，所以，B 体型人的袖窿宽深比肯定比 A 体型人的袖窿宽深比大，因此在袖窿弧长不变的情况下，在缩小背宽和胸宽的同时，可适当把袖窿深线向上提高，即后片袖窿深的计算公式（净胸围/6+9cm）中的 9cm 要变小。可以根据这样的分析过程来进行实际的调整，然后制成样衣，找合适的人体去试穿，观察实际的效果，达到学以致用的目的。

前片腰部、臀围和下摆的处理过程可以参照后片纸样中相应部位的处理方法。

下面分析胸点、腋下省和腰省：

（1）胸点：首先了解原型中胸点的获得（参见图 3–5），以净胸围 84cm 为例，袖窿深线距离后领中点的计算公式：净胸围/6+7cm，大小等于 21cm，那么前颈侧点距离袖窿深线（胸围线）等于 20.5cm（21–0.5cm），而胸点又距离胸围线 4cm，这样，颈侧点到胸点的距离就等于 24.5cm；另外，在围度方向，胸点距离前中线的尺寸等于胸宽的一半再向右移动 0.7cm，数值等于（84/6+3）/2+0.7＝17/2+0.7＝9.2（cm）。根据原型胸点的分析过程，再看图 4–119 中 V_1 点的确定，V_1U_1＝2.5/2＝1.25（cm），而颈侧点 B 距离 ED 等于 23cm（净胸围/6+9+2.5–2.5），这样胸点 V_1 距离颈侧点 B 就等于 24.25cm，胸点 V_1 距离前中线采用的尺寸为 9.2cm，基本与原型的胸点确定相一致。在一些生产女装的企业中，中间规格胸点通常距离颈侧点 25cm 左右，距离前中线 9cm 左右的位置。

（2）腋下省：通常 UE＝5cm，由于省的大小等于 2.5cm，绘制出省的中心线 $V'V_1$，取 $V'U'$ 等于 11cm，通过折叠腋下省并画顺侧缝线，然后打开腋下省，最后得到曲线 $EUV'V$。

（3）腰省：其中心线取 FG 的中点 M'，画垂线，省尖点 L 到 V_1 点的垂直距离为 3.5cm，省的大小与后片腰省的分析一致，为 2.5cm。臀围处也与后片的分析过程一样，大小为 0.8cm，连接 $LMPX$ 和 $LNQY$。

门襟 该女西装上有三粒扣，每粒扣相隔的距离是 11cm；画出前双嵌线袋及袋盖，尺寸如图 4-119 所示；作前中心线 DJ 的平行线 SR，间隔为 2cm，SR 就是搭门线（前襟止口线），S 点与第一个扣位在同一水平线上。

驳领 延长前肩线 CB 至 S' 点，$BS' =2$cm，连接 $S'S$，$S'S$ 为女西装驳领的翻折线，然后，在 $S'S$ 上量取 $S'T' =4.3$cm，过前颈侧点 B 作 $S'S$ 的平行线 BT，取 $BT =3$cm，连接 TT' 并延长至 W' 点，TW' 称为串口线，通过调整 $S'T'$ 的长度和 $\angle ST'W'$ 的角度，可设计出所需要的驳头，取驳头宽等于 7.5cm，连接 $W'S$ 并延长出 0.3cm 至 W 点，设计驳头的造型并画顺驳头止口边，量取 $WW_1 =4$（cm）。

挂面 在底边处取 $RY' =6$cm，在肩线上取 $BX' =3$cm，得到女西装的挂面。

前片面、前片衬、前片里、挂面和挂面衬的裁剪纸样如图 4-120 所示，前片里裁剪纸样与前片面裁剪纸样基本相同，只是在底边处，缝份有所区别。袋盖、嵌线、垫布和袋布的裁剪纸样如图 4-121 所示。

图 4-120 前片面、前片衬、前片里、挂面和挂面衬裁剪纸样

图 4-121　袋盖、嵌线、垫布和袋布裁剪纸样

（三）平驳领（图 4-122）

$B \sim S'$　肩线的延长线，参见图 4-119。

$A \sim B$　延长 TB 至 A 点，AB 等于后领弧长，以 B 点为圆心，AB 长为半径画圆弧至 C 点，使 $AC = 3\text{cm}$，该数值就是通常所说的领座倒伏量，连接 BC。

$C \sim D$　过 C 点作 CD 垂直于 BC，$CD = 6.4\text{cm}$，在 CD 上量取领面宽 4cm，领座高 2.4cm。

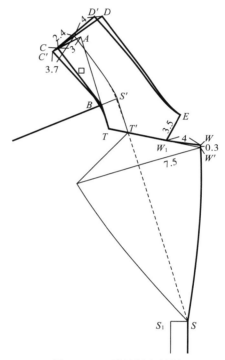

图 4-122　平驳领净纸样

在 W_1 点处取 $W_1E = 3.5\text{cm}$，$\angle EW_1W$ 的角度可以根据需要进行设计，通常该角度不要大于 90°。画顺 CBT 线、翻折线和 DE 线，纸样 CTW_1ED 为领底纸样。

以 B 点为圆心、AB 长为半径画圆弧至 C'，使 $AC' = 3.7\text{cm}$，该数值就是领面的倒伏量，连接 BC'，过 C' 点作 $C'D'$ 垂直于 BC'，$C'D'$ 的长度与 CD 相同，同样，$C'D'$ 中领面宽 4cm，领座高 2.4cm，画顺 $C'BT$ 线和 $D'E$ 线，纸样 $C'TW_1ED'$ 为领面纸样。

领子缝份的加放均为 1.0cm，裁剪纸样如图 4-123 所示。

图 4-123　平驳领裁剪纸样

(四) 两片袖 (图 4-124)

该两片袖纸样类似女装原型袖的绘制。

$A \sim D$　袖中线,长度等于袖长 56cm。

在 AD 上取袖山高 AO = 袖窿弧长/4 + 4.5cm (其中的 4.5cm 可以稍作调整),过 O 点作袖中线 AD 的垂线,该线为袖肥基础线。

过 D 点做袖肥基础线的平行线,即袖口基础线。

袖肘线等于 AD 的一半再向下移 2.5cm,即 UV 线。

袖山弧线　过 A 点量取 AB 等于后袖窿尺寸,量取 AC 等于前袖窿尺寸减去 0.5cm,分别交袖肥基础线于 B 点和 C 点。把 AC 平均分成四份,每一等份用 "●" 表示。绘制袖山弧线,图中的辅助数据如 1.3cm、1.8cm、1.9cm、2.4cm 和 2.5cm 都可以根据曲线的形状和缩缝量进行调整,通常整个袖山弧线的缩缝量在 2.8cm 左右,其中后袖山的缩缝量在 1.2cm 左右,前袖山的缩缝量在 1.6cm 左右。

内袖缝　E_1 点是前袖肥 OC 的中点,过该点作垂线 E_1I',分别交袖肘线于 U 点,袖口基础线于 I' 点,取 $I'J' = 1$cm,过 J' 点作平行线平行于袖口基础线。在 E_1 点的左右两侧各取 3cm,为 F' 点和 E' 点,将 U 点向左移 3.7cm,向右移 2.3cm,为 H 点和 G 点,将 J' 点向

图 4-124　两片袖净纸样

左、右两侧各移3cm，为 J 点和 I 点；连接 GE' 并延长与袖山弧线相交，交点是 E 点，过 E 点作袖肥线的平行线与 HF' 的延长线相交于 F 点，然后，再连接 GI 和 HJ，画顺 EGI 和 FHJ，这两条线是衣袖的内袖缝。

袖口　量取 $TJ' = 13.5cm$，T 点在袖口基础线 DI' 向下 0.5cm 外，延长 $J'T$ 至 S 点，$TS = 2cm$，绘制大袖口 $IJ'TS$ 和小袖口 JTS。

外袖缝　取后袖肥 BO 的中点 N'，过 N' 点作袖肥线的垂线交袖肘线于 V 点，将 N' 点向左、右两侧各移 1.2cm，为 M 点和 N 点，将 V 点向右移 1.2cm，为 P 点，取 VP 的中点 P' 并与 T 点相连，在连线上量取 $TQ = 8cm$，即袖衩长 8cm，宽度是 2cm，同时再确定出袖衩处三粒扣子的位置；连接 VQ 和 PQ、MV 和 NP。过 M 点作垂线与袖山弧线相交于 K 点，过 K 点作袖肥线的平行线与过 N 点作的垂线相交于 L 点，画顺 $KMVQ$ 和 $LNPQ$，这两条线即是大、小袖的外袖缝。

将袖山弧线中的 BK 弧线对称到 LO，CE 弧线对称到 OF，画顺 LOF，如图 4-124 中所示，使其中小袖上 O 点处附近的弧线形状与前、后片袖窿上对应部分的形状一致。

大、小袖的缝份除袖口外都是 1.0cm，袖口采用折边的缝制工艺，因此，折边的宽度是 4.0cm。

大、小袖袖里内外袖缝的缝份为 1.5cm，袖山弧线的缝份为 1.5cm，小袖袖里袖深弧线的缝份为 2.0cm，大、小袖里袖口的缝份比袖口净缝线多加 1.5cm，大、小袖袖面和袖里裁剪纸样如图 4-125 所示。

三、推板

表 4-14 中三个规格的体型都是 A 体型，那么在推板时也要考虑这个问题。在前面分析袖窿时已了解了 Y、A 和 B 体型的区别，为了保证推板时体型不发生变化，可以从袖窿宽深的比值着手，即保证袖窿宽深比不变。由于肩宽的档差是 1cm，那么肩宽一半的变化量就是 0.5cm，如果后片纸样背宽的变化量与后片的肩宽一样，即 0.5cm，那么胸宽的变化量也等于 0.5cm，则袖窿宽的变化量就是 1cm（即胸围档差的一半，2cm - 0.5cm - 0.5cm），如果按照这样的数据来进行推板，体型就会发生变化，因此，这组数据是不合理的。对于 5·4 系列，如果后片纸样的肩宽变化 0.5cm，背宽略微比肩宽大些，即变化 0.6cm，胸宽变化 0.6cm，结果袖窿宽就变化 0.8cm，从人体的身体特征看，这组数据的变化还是比较合理，此时也能保证体型的相对稳定。为了保证在推板时纸样的结构合理和"形"的相对一致，且袖窿的变化量近似等于胸围档差的一半，通过比较和计算，袖窿深的变化量采用 0.65cm，计算得到大号规格的袖窿宽深比为（14 + 0.8）/（20 + 0.65）= 0.717，小号规格的袖窿宽深比为（14 - 0.8）/（20 - 0.65）= 0.682，这两个数反映在推板时，大号趋向 B 体型方向发展，小号趋向 Y 体型方向发展，这种推板过程相对来说是比较合理的。以下各纸样的推板数据就是按照上面的分析过程进行处理。

图 4-125　大、小袖袖面和袖里裁剪纸样

（一）后片的分析与推板 （图 4-126）

后片长度方向的基准线约定为胸围线 *DE*，围度方向的基准线采用后中线 *AJ*。

1. 长度方向的变化量分析

D、*E* 点的变化量　这两点都在基准线胸围线上，所以，它们的变化量都为 0。

C 点的变化量　*C* 点为肩点，根据前面的分析，*C* 点变化量 = 0.65cm。

B 点的变化量　*B* 点为颈侧点，由于落肩量在推板时可以变化 0.1cm，则 *B* 点变化量 = *C* 点变化量 +0.1 = 0.65 + 0.1 = 0.75（cm）。

A 点的变化量　*A* 点为后中线与后领口弧线的交点，考虑后领深在推板时有一定的变化，由于后领宽的变化量等于（0.8/5）cm，为方便起见，可以取领深变化 0.05cm，所以，*A* 点变化量 = *B* 点变化量 -0.05 = 0.7（cm）。

T' 点的变化量　*T'* 点为背宽线上 *ST* 的中点与后袖窿的交点，由于肩点 *C* 变化了 0.65cm，而 *T'* 点是 *S* 点到基准线胸围线距离的一半，因此，*T'* 点变化量 = 0.65/2 = 0.325（cm）。

L 点的变化量　*L* 点为背省尖点，根据该点的绘制方法，*L* 点的变化量为 0。

F、*G* 点的变化量　*F*、*G* 点为腰线上的点，由于背长档差是 1.2cm，而胸围以上已经

变化了 0.7cm，所以，F、G 点变化量 = 1.2−0.7 = 0.5（cm），同样腰线上的点 M、M′、N 点也变化 0.5cm。

H、I 点的变化量　H、I 点为臀围线上的点，在前面的章节中已经说明了腰臀深的变化量为 0.5cm（参见本章第一节西服裙），这样，H、I 点变化量 = 0.5+0.5 = 1.0（cm），同样点 P′、Q、P 也变化 1.0cm。

J、K 点的变化量　J、K 点为底边线上的点，表 4−14 中衣长的档差是 2.0cm，胸围线以上已经变化了 0.7cm，则底边线上 J、K 点的变化量应该是 1.3cm，同样 X、L′、Y 点也变化 1.3cm。

2. 围度方向的变化量分析

A、D、F、H、J 点的变化量　这些点都在基准线后中线上，所以，它们的变化量都为 0。

B 点的变化量　B 点为颈侧点，由于领围档差是 0.8cm，根据计算公式，B 点变化量 = 领围档差/5 = 0.8/5 = 0.16（cm）。

C 点的变化量　由于肩宽档差是 1.0cm，因此，C 点变化量 = 1.0/2 = 0.5（cm）。

T′ 点的变化量　T′ 点为背宽线上 ST 的中点与后袖窿的交点，背宽变化量在前面已经说明，该部位的变化量为 0.6cm，因此，T′ 点变化量 = 0.6cm。

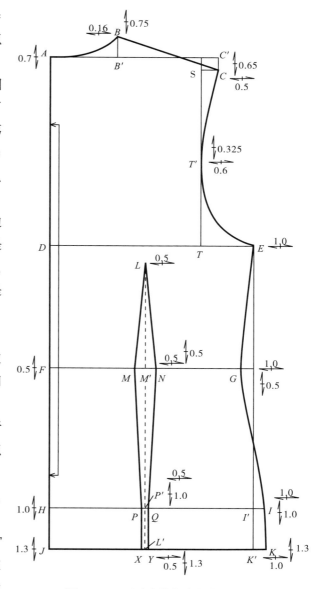

图 4-126　后片各推板点的变化量

E 点的变化量　E 点为胸围线与侧缝线的交点，由于胸围档差等于 4.0cm，所以，E 点变化量 = 4.0/4 = 1.0（cm）。

G 点的变化量　G 点为腰围线与侧缝线的交点，由于腰围档差等于 4.0cm，所以，G 点变化量 = 4.0/4 = 1.0（cm）。

M、N 点的变化量　M、N 点为腰围线上的点，根据后片纸样上背省的绘制方法，M′ 点是 FG 的中点，所以 M′ 点变化量 = 1.0/2 = 0.5（cm），这样 M、N 点变化量 = M′ 点变化量 = 0.5cm。

L 点的变化量　L 点为后片腰省省尖点，L 点变化量 = M′ 点变化量 = 0.5cm。

I 点的变化量　I 点为臀围线与侧缝线的交点，由于臀围档差等于 4.0cm，所以，I 点变化量=4.0/4=1.0（cm）。

P、Q、P'点的变化量 P、Q、P'点为臀围线上的点，P、Q、P'点变化量=M'点变化量=0.5cm。

K点的变化量 K点为底边线与侧缝线的交点，该点的绘制与后片臀围尺寸相关，所以，K点变化量=I点变化量=1.0cm。

X、Y、L'点的变化量 X、Y、L'点为底边线上的点，X、Y、L'点变化量=M'点变化量=0.5cm。

后片面和后片里裁剪纸样的推板如图4-127所示。

图4-127   后片面和后片里裁剪纸样推板

（二）前片、前里及挂面的分析与推板

前片长度方向的基准线约定为胸围线 DE，围度方向的基准线采用前中线 DJ（图4-128）。

图 4-128　前片各推板点的变化量

1. 长度方向的变化量分析

D、E 点的变化量　这两点都在基准线胸围线上，所以，它们的变化量都为 0。

B 点的变化量　B 点为颈侧点，对比后颈侧点在长度方向的变化，B 点变化量 $= 0.75\text{cm}$。

C 点的变化量　C 点为前片肩点，该点与后片肩点 C 的变化相同，C 点变化量 $= 0.65\text{cm}$。

C_1 点的变化量　C_1 点为前袖窿上的点，由于肩点 C 变化了 0.65cm，而 C_1 点是 C' 点到基准线距离的一半，因此 C_1 点变化量 = 0.65/2 = 0.325（cm）。

F、G 点的变化量　F、G 点为腰线上的点，由于背长档差是 1.2cm，而胸围以上已经变化了 0.7cm，那么，F、G 点变化量 = 1.2-0.7 = 0.5（cm），同样腰线上的点 M、M'、N 点也变化 0.5cm。

H、I 点的变化量　H、I 点为臀围线上的点，在后片中已经说明了腰臀深的变化量是 0.5cm，这样，H、I 点变化量 = 0.5+0.5 = 1.0（cm），同样点 P、P'、Q 也变化 1.0cm。

R、J、K 点的变化量　R、J、K 点为底边线上的点，由于衣长档差是 2.0cm，胸围以上已经变化了 0.7cm，则底边线上 R、J、K 点的变化量应该是 1.3cm，同样点 X、L'、Y 也变化 1.3cm。

扣位的变化量　假设第一个扣位距离胸围线不变，则第一个扣位不变，根据推板时腰围线、臀围线和下摆的变化量，可以使扣距变化 0.4cm，那么第二个扣位 F_1 的变化量是 0.4cm，第三个扣位 J_1 的变化量就是 0.8cm。

前袋位的变化量　前袋嵌线位置的变化量可以采用第三个扣位的变化量，即 M_1、N_1 点变化量 = 0.8cm。

胸省　根据国外相关资料介绍和人体体形的特点，当胸围变化 4cm 时，颈侧点到胸点的变化量约为 0.9cm，而身高变化 5cm 时，颈侧点到胸点的变化量约为 0.1cm，通过综合分析，在本例的前片纸样中颈侧点到胸点的变化量采用 1.0cm。由于 B 点变化了 0.75cm，所以两个省尖点 U'、L 就变化 0.25cm。同样，腋下省中的 U、V'、V 点也变化 0.25cm。

2. 围度方向的变化量分析

D、S_1、F、F_1、J_1、H、J 点的变化量　这些点都在基准线前中线上，所以，它们的变化量都为 0。

B 点的变化量　B 点为颈侧点，根据图 4-119 中该点的计算和绘制过程，它比后领款变化得稍大些，B 点变化量 = 0.2cm。

C 点的变化量　C 点为肩点，前肩点是由后肩长确定而得，如果仅从加减法来考虑，后肩线在围度方向变化了 0.34cm，C 点就应是 0.54cm，但如果为了保持前、后肩变化的统一，C 点变化量也可采用 0.5cm。

C_1 点的变化量　C_1 点为前袖窿线上的点，胸宽变化量在前面已经说明，该部位的变化量为 0.6cm，因此，C_1 点变化量 = 0.6cm。

E 点的变化量　E 点为胸围线与侧缝线的交点，由于胸围档差等于 4.0cm，所以，E 点变化量 = 4.0/4 = 1.0（cm）。

G 点的变化量　G 点为腰围线上侧缝线的交点，由于腰围档差等于 4.0cm，所以，G 点变化量 = 4.0/4 = 1.0（cm）。

M、N 点的变化量　M、N 点为腰围线上的点，根据前片纸样上胸省的绘制方法和位置，为了使这两点放缩得更合理，M' 点是 FG 的中点，所以 M' 点变化量 = 1.0/2 = 0.5（cm），这样 M、N 点变化量 = M' 点变化量 = 0.5cm。

L 点的变化量　L 点为胸省尖点，L 点变化量=M' 点变化量=0.5cm。

U' 点的变化量　U' 点为腋下省尖点，U' 点变化量=L 点变化量=0.5cm。

U、V'、V 点的变化量　U、V'、V 点为腋下省中的点，根据这几点的绘制过程，U、V'、V 点变化量=E 点变化量=1.0cm。

M_1、N_1 点的变化量　M_1、N_1 为口袋上的点，N_1 点变化量可以与腰省中的 N 点变化量相同，即 N_1 点变化量=N 点变化量=0.5cm，由于考虑口袋的长度要有一定的变化，图中口袋宽变化0.3cm（可以根据实际情况进行处理），则 M_1 点变化量=N_1 点变化量+0.3=0.8（cm）。

I 点的变化量　I 点为臀围线与侧缝线的交点，由于臀围档差等于4.0cm，所以，I 点变化量=4.0/4=1.0（cm）。

P、Q、P' 点的变化量　此三点为臀围线上的点，P、Q、P' 点变化量=M' 点变化量=0.5cm。

K 点的变化量　K 点为底边线与侧缝线的交点，该点的绘制与前片臀围尺寸相关，所以，K 点变化量=I 点变化量=1.0cm。

X、Y、L' 点的变化量　此三点为底边线上的点，X、Y、L' 点变化量=M' 点变化量=0.5cm。

3. 驳头的推板步骤

挂面中的驳头按照以下步骤进行推板：

（1）使中间规格与放大规格纸样在颈侧点 B（点的位置参见图4-128）处重合。

（2）延长中间规格翻折线与放大规格的 S 点在同一条直线上，把中间规格的前领口线 BT 复制到放大规格上。

（3）由于领围档差是0.8cm，一半则变化0.4cm，而后领口变化了约0.16cm，依据西服领子的缝制工艺，放大规格的领口线 BT 应加长0.24cm，即延长复制的前领口线0.24cm。

（4）使中间规格与放大规格纸样在 T 点处重合，把中间规格的串口线 TW 复制到放大规格上。

（5）通常，在推板时驳头的宽度保持不变，参照图3-9介绍的方法绘制驳口线。

缩小规格驳头的推板过程与放大规格的过程类似。

前片里和挂面裁剪纸样中的各推板点变化量如图4-129所示，具体各点的变化参照前片纸样中相应点的变化量，在此不再赘述；图4-130所示为前片面、前片里和挂面的裁剪纸样推板。

（三）两片袖和袖里的分析与推板

根据绘制两片袖的方法，大、小袖的长度基准线都约定为袖肥线，围度基准线采用袖中线。从图4-126和图4-128中得知后袖窿的变化量约等于1.0cm、前袖窿的变化量也约

图 4-129　前片里和挂面裁剪纸样各推板点的变化量

等于 1.0cm，则整个袖窿的变化量约为 2.0cm。

1. 长度方向的变化量分析（图 4-131）

A 点的变化量　A 点为大袖袖山顶点，根据计算公式，A 点变化量＝袖窿变化量/4＝ 2.0/4＝ 0.5（cm）。

I、T、S 点的变化量　I、T、S 点为大袖袖口上的点，袖长档差是 1.5cm，而袖肥线以上部分已经变化了 0.5cm，所以 I、T、S 点变化量＝1.5-0.5＝1.0（cm）。

V、G 点的变化量　此两点为大袖袖肘线上的点，袖长档差是 1.5cm，一半的变化量就是 0.75cm，同样，袖肥线以上部分已经变化了 0.5cm，所以 V、G 点变化量＝0.75-0.5＝0.25（cm）。

E 点的变化量　E 点为大袖内袖缝与袖山弧线的交点，根据制图过程得知该点的变化

图4-130　前片面、前片里和挂面裁剪纸样推板

很小，为了计算方便，可以假设 E 点不变，即 E 点变化量＝0。

K 点的变化量　　K 点为大袖外袖缝与袖山线的交点，根据制板方法，该点基本确定在袖山高的一半处，则 K 点变化量＝0.5/2＝0.25（cm）。

R、Q 点的变化量　　R、Q 点为大袖袖衩上的点，由于袖衩的长度保持不变，所以，R、Q 点变化量＝S 点变化量＝1.0cm。

L 点的变化量　　L 点为小袖外袖缝与袖山弧线的交点，与大袖片上的 K 点相对应，L 点变化量＝ 0.25cm。

F 点的变化量　　F 为小袖内袖缝与袖山弧线的交点，与大袖片上的 E 点相对应，F 点变化量＝0。

H、P 点的变化量　　H、P 点为小袖袖肘线上的点，与大袖上的对应点变化量相同，

图 4-131　大、小袖各推板点的变化量

H、P 点变化量 = 0.25cm。

　　J、T、S 点的变化量　J、T、S 为小袖袖口上的点，与大袖口上的点变化相同，J、T、S 点变化量 = 1.0cm。

　　R、Q 点的变化量　R、Q 点为小袖袖衩上的点，与大袖口上的点变化相同，R、Q 点变化量 = 1.0cm。

　　大、小袖里的长度变化与大、小袖面的长度变化量相同。

2. 围度方向的变化量分析

　　根据制板过程可知，两片袖基本结构图中大号规格 AB 的斜线长度比中间规格 AB 的斜线长度长 1.0cm，同理，大号规格 AC 的斜线长度比中间规格 AC 的斜线长度长 1.0cm；小号规格也是如此。通过测量，得到 B 点和 C 点在围度方向的变化量约为 0.8cm（图 4-132）。

　　A 点的变化量　A 点在基准线袖中线上，所以 A 点变化量 = 0。

　　E、G、I 点的变化量　E、G、I 点为大袖内袖缝上的点，由于 C 点变化 0.8cm；则 E_1

点就变化0.4cm，而 E 点由 E_1 点计算而得，所以 E 点变化量 = 0.4cm。G、I 点变化量与 E 点相同。

K、M 点的变化量　K、M 点为大袖外袖缝上的点，由于 B 点变化0.8cm；则 N' 点就变化 0.4cm，而 M 点由 N' 点计算而得，所以 M 点变化量 = 0.4cm。K 点变化量与 E 点相同。

S、T 点的变化量　S、T 点为大袖袖口上的点，袖口档差是 0.5cm，而 I 点已经变化了 0.4cm，所以 S、T 点变化量 = 0.5-0.4 = 0.1（cm）。

R、Q 点的变化量　R、Q 点为大袖袖衩上的点，由于 S 点和 T 点都变化了 0.1cm，所以，R、Q 点变化量 = 0.1cm。

V 点的变化量　V 点为大袖外袖缝上的点，通过计算比较，V 点的变化量约为 0.3cm。

F、H、J 点的变化量　F、H、J 点为小袖内袖缝上的点，与大袖上的对应点变化量相同，F、H、J 点变化量 = 0.4cm。

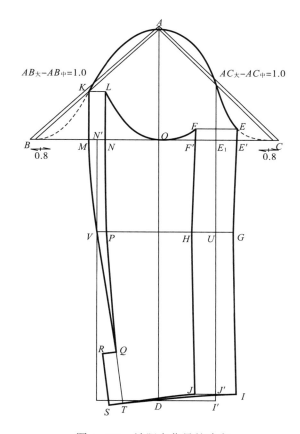

图4-132　袖肥变化量的确定

L、N 点的变化量　L、N 点为小袖外袖缝上的点，与大袖上的对应点变化量相同，L、N 点变化量 = 0.4cm。

S、T 点的变化量　S、T 点为小袖袖口上的点，与大袖上的对应点变化量相同，S、T 点变化量 = 0.1cm。

R、Q 点的变化量　R、Q 点为小袖袖衩上的点，与大袖上的对应点变化量相同，R、Q 点变化量 = 0.1cm。

P 点的变化量　P 点为小袖外袖缝上的点，与大袖上的对应点变化量相同，P 点的变化量约为 0.3cm。

大、小袖里的围度变化与大、小袖面的围度变化量相同。图4-133所示为袖面、袖里裁剪纸样推板图。

（四）领子及其他部件的分析与推板

领子推板与夹克衣领的推板类似，图4-134所示为领面、领底和领衬裁剪纸样的推

图 4-133　袖面和袖里裁剪纸样推板

板，图中"剪开放缩 0.8cm"的含义与第六节"分割线夹克"中图 4-94 衣领裁剪纸样推板中的"剪开放缩 1cm"一样。

图 4-134　领子裁剪纸样推板

前双嵌线口袋的袋盖、嵌线、垫布和袋布裁剪纸样的推板如图 4-135 所示。

另外，企业中一些常见的推板问题分析参见本书附录 F。

图 4-135　袋盖、嵌线、垫布和袋布裁剪纸样推板

本节思考题

1. 简述前、后落肩量的大小对肩部造型的影响。

2. 如果袖窿弧长由 48.4cm 调整为 46cm，或其他合理范围内的数值，同时保证袖窿宽深比值不变，纸样如何绘制？

3. 在推板时，如果使袖窿宽、袖窿宽深比的数值都是 0.7，则肩点的变化量是多少？整个袖窿弧长将变化多少？该数值是否可以在推板时使用？

4. 在女装国家标准（GB/T 1335.2—2008）中 5·4 系列 A 体型臀围档差是 3.6cm，如果表 4-14 中其他部位的档差保持不变，纸样如何推板？

5. 如何理解在放缩 A 体型纸样时，纸样有向 B 体型或 Y 体型方向变化的倾向？

6. 如果采用从肩线上分割，且有后中缝，此时设计的公主线型女西服如何推板？各部位的档差仍采用表 4-14 中的数据。

7. 表 4-15 所示为某企业的女装 5·3 系列规格尺寸表，款式图仍为图 4-116，纸样如何制板和推板？（答案参见附录 G）

表 4-15　某企业女装规格尺寸　　　　　　　　　　单位：cm

部位	规格			档差
	S	M	L	
领围	35.4	36	36.6	0.6
衣长	58	60	62	2.0
肩宽	38.7	39.5	40.3	0.8
胸围	93	96	99	3.0
腰围	75	78	81	3.0
臀围	95	98	101	3.0
背长	36.8	38	39.2	1.2
袖长	54.5	56	57.5	1.5
袖口	13	13.5	14	0.5

第九节　男西服

一、款式说明、示意图及规格尺寸

双排四粒扣戗驳领男西服，三开身，由前片、腋下片、后片、领子、大袖片、小袖片、挂面、前片里、腋下里、后片里、大袖里及小袖里等组成。图 4-136 所示为男西服的款式结构示意图，左前片胸部有一长为 10cm、宽为 2.5cm 的手巾袋，左、右前身各有一带袋盖的双嵌线口袋，袋盖长 15cm、宽 5cm；两排扣间隔 10cm，驳领宽 8.5cm，领子的领嘴宽 4cm，领座宽 2.5cm，翻领宽 3.5cm；后身两侧有开衩，长 20cm、宽 3cm；袖口开衩长 10cm、宽 3cm，袖衩处钉有 4 粒袖扣，扣间距为 1.5cm。表 4-16 所示为男西服的规格尺寸。

前身　　　　　　　　后身

图 4-136　男西服款式结构示意图

表 4-16　男西服的规格尺寸　　　　　　　　　单位：cm

部位	规格			档差
	S	M	L	
领围	(35.8)	(36.8)	(37.8)	1.0
衣长	71	73	75	2.0
肩宽	(42.4)	(43.6)	(44.8)	1.2
胸围	104（84）	108（88）	112（92）	4.0
净腰围	(70)	(74)	(78)	4.0
臀围	98（86）	102（90）	106（94）	4.0
背长	41	42.5	44	1.2

续表

部位	规格			档差
	S	M	L	
袖长	58.5	60	61.5	1.5
袖口	14	14.5	15	0.5

注 1. 采用 5·4 系列，中间规格 M 号对应国家号型标准中的 170/88A。

2. 表中数据为制板尺寸，包含影响成品规格的因素，如热缩率等，包括胸围的收缩量 2~3cm，衣长、袖长收缩量 1cm。

3. 依据人体的结构特点，身高每增加 5cm，背长的变化为 1.1~1.3cm，文中采用的背长档差是 1.2cm。

4. 在国家号型标准中，臀围的档差是 3.2cm，在本例中为了说明推板的过程而采用 4cm。

5. 括号中的数据是基本尺寸（净尺寸），这些数据可查阅国家号型标准。

二、基本纸样的分析及绘制

图 4-137 所示为男西服基本纸样的绘制。

（一）后片

$A \sim A_1$　后中基础线，长度等于衣长 73cm，或采用身高/2-（11~12cm）的公式计算衣长。

$A \sim F$　在 AA_1 上量取 AF=净胸围/6+9.5=88/6+9.5=24.2（cm），过 F 点作后中基础线 AA_1 的垂线，即为胸围线。

$A \sim E$　取 AF 的中点 E，过 E 点作后中基础线 AA_1 的垂线，即为背宽横线。

$A \sim I$　在后中基础线 AA_1 上量取 AI 等于背长 42.5cm，或采用"身高/4cm"的公式计算背长，过 I 点作后中基础线 AA_1 的垂线，即为腰围线。

$A \sim K$　为了能控制臀围的成品尺寸，须确定臀围线的位置，在后中基础线 AA_1 上量取 IK=身高/8cm，过 K 点做后中基础线 AA_1 的垂线，即为臀围线。

下摆线　过 A_1 点作后中基础线 AA_1 的垂线，即为下摆线。

$A_1 \sim L$　沿下摆水平线量取 A_1L 等于 4cm，连接 EL，在其与腰围线的交点处再收进 1cm 得到 I_1 点，连接 I_1L，并用圆顺的曲线连接 E 点和 I_1 点，得到后背中缝 AL，与胸围线相交于 F_1；过 L 点作 I_1L 的垂线。

$A \sim B$　过 A 点作 AB 垂直于后中基础线 AA_1，后领宽 AB=净胸围/20+4cm。

$B \sim C$　过 B 点作 BC 垂直于 AB，取后领深 BC=2.4cm；曲线连接 A 点和 C 点，即为后领口弧线。

$F_1 \sim G$　在胸围线上量取 F_1G=净胸围/6+5=19.7（cm），过 G 点作垂直线，分别与 AB 延长线、背宽横线、腰围线相交于 C_1、E_1 和 J 点。

$C \sim D$　从 C_1 点垂直向下取 2cm 至 D_1 点，再水平向外取 2cm 至 D 点，曲线连接 C 点和 D 点即为肩线，具体画法如图 4-137 所示。

图 4-137 戗驳领男西服净纸样

后袖窿弧线 从 E_1G 的中点 H 水平向外 0.7cm 至 H_1 点，用圆顺的曲线连接 D、E_1 和 H_1 三点，即为后袖窿弧线。

$J \sim J_1$ 从 J 点沿腰围线向右收进 2cm 至 J_1 点。

$K_1 \sim M$ 在臀围线上量取 $K_1M = I_1J_1 + 1$cm。

$H_1 \sim N$ 用圆顺的曲线连接 H_1、G、J_1 和 M 点并延长，与 I_1L 的垂线相交于 N 点，曲线 H_1GJ_1MN 即为后侧缝线，LN 为底边线。

后片面及后片里裁剪纸样如图 4-138 所示。

图 4-138　后片面及后片里裁剪纸样

（二）前片和腋下片

如图 4-137 所示，延长后片中的胸围线、腰围线、臀围线和底边线。

$W_1 \sim Q_1$　作前中心线（垂直线），分别与胸围线、腰围线、臀围线和下摆水平线相交于 W_1、S_1、R_1 和 Q_1 点。

$W_1 \sim C$　沿胸围线量取前胸宽 $W_1C =$ 净胸围/6+5.5=20.2（cm）。

$C \sim B$　过 C 点作胸围线的垂线并向上、下延长，$BC =$ 净胸围/6+10.5=25.2（cm）。该线分别与腰围线、臀围线和下摆水平线相交于 S、R 和 Q 点；从 S 点向右 2cm 作 SQ 的平行线，分别与腰围线、臀围线和下摆水平线相交于 H、R' 和 Q' 点。

$B \sim A$　过 B 点作胸围线的平行线 AB，取 $AB = W_1C/2 = 10.1$（cm），取 W_1C 的中点 D，过 A 点作 AD 垂直于 W_1C。

$A' \sim B'$　将长方形 $ABCD$ 以 C 点为圆心，沿顺时针方向旋转，使 A 点向外形成 1cm 撇势至 A' 点，B 点至 B' 点。

$A' \sim F$　沿 $B'C$ 量取 $B'E$ 等于 4cm，连接 $A'E$ 并延长，肩点一端下移 0.5cm 至 F 点，并使圆顺曲线 $A'EF = $ 后肩长 $CD-1$cm。

前袖窿弧线　在胸围线上量取 $CG = 4$cm，曲线连接 F 点和 G 点，FG 与垂直线 BC 相切，即为前袖窿弧线；在 BC 上取 $CC' = 3$cm，C' 点为衣袖的对位点。

口袋　从 S_1S 的中点向下作 7cm 垂直线至 O 点，即为袋口的前端点，从 S 点垂直向下 6.5cm 与 O 点连线，并向侧缝方向延长至口袋的后端点 P，$OP = 15$cm；袋盖宽为 5cm。

省道　从袋口前端 O 点向右移 1.5cm 作前身胸腰省，省道宽 1.2cm，省中点 U 向上作垂直线，即为省道中心线，腰围处省道宽 1.4cm，省尖点 V 在胸围线下 6cm 处。

扣位、门襟　在与袋位基本平齐的位置设置扣位，两扣的间距是 10cm，以前中心线为基准，向两边各量取 5cm，得到 L 点和 M 点，从 L 点向左移 2cm 的搭门量至 S' 点，过 S' 点作垂直线并延长至下摆水平线下 1cm 的 S_1' 点处，即为前门襟止口线；M 点垂直向上 12cm，再向右移 2.5cm 至 N 点，即为上排装饰纽扣的位置。

腋下片的前侧缝线　分别在距 GH 和 HQ' 各 2cm 处作平行线，与臀围线交于 R_1 点；将 GH 的平行线与胸围线的交点右移 1cm 至 G' 点，将 HQ' 的平行线与腰围线的交点右移 1.6cm 至 H' 点，圆顺连接 G'、H' 和 R_1 点并延长，即为腋下片的前侧缝线。

$G' \sim L'$　在胸围线上量取腋下片的胸围 $G'L'$，$G'L = $ 胸围/2 - 后片胸围 - 前片胸围 $= 10.1$（cm）。

$R_1 \sim M'$　在臀围线上量取腋下片的臀围 R_1M'，$R_1M' = $ 臀围/2 - 后片臀围 - 前片臀围 $= 12$（cm）。

腋下片的后侧缝线　连接 L'、M' 点，其与腰围线的交点向左移 2cm 至 N 点，曲线连接 L'、N 和 M' 点，并向上延长，与后片 HH_1 的延长线相交于 S 点，向下延长至底边线，交点为 T 点，即为腋下片的后侧缝线。

底边线　过 T 点作后侧缝线的垂线，与前侧缝线交于 T' 点，即为腋下片底边线；将 TT' 延长并与前门襟 S_1' 点连接圆顺，即为前片底边线。

前片的前侧缝线　在袋口处作 0.4cm 的肚省，从 HR' 与袋口线 OP 和肚省另一条边的交点分别向右、向左 0.6cm（胸腰省道宽）至 I 点和 I' 点，作圆顺的曲线 GHI 和 $I'R'Q'$ 并延长至底边曲线，即为前侧缝线。

由于在缝制过程中要将肚省的 0.4cm 修剪掉，从而影响前片侧缝线长度，所以需要将前片的底边线向下平移 0.4cm 得到实际的前片底边线，前片衣长同时加长 0.4cm。

$W \sim S'$　将前肩线向前中方向延长 2cm 至 W 点，连接 WS'，即为驳领的翻折线。

驳领　以翻折线为基础，先在前衣身一侧设计领型，驳领的设计可根据实际情况进行设计，驳领宽8.5cm，扣孔的尺寸大小是2cm；将设计好的驳领翻转画到翻折线的另一侧，过 A' 点作翻折线的平行线，与驳领串口线的延长线相交于 Y 点，$A'Y$ 即为前领口线。

　　手巾袋　按图4-137所示画出手巾袋位置，袋长10cm，袋板宽2.5cm。

　　前片面和挂面的裁剪纸样如图4-139所示。

图4-139　前片面及挂面裁剪纸样

前片里的裁剪纸样如图4-140所示。

　　里袋　通常在左片里有三个功能不同的里袋，上里袋在胸围线下2cm处可以装钱夹等，袋口长14cm、宽0.8cm；向下5cm是笔袋，袋口长5cm、宽0.8cm；下里袋可以装钥

图 4-140　前片里裁剪纸样

匙，袋口长 10cm、宽 0.8cm，位置如图 4-140 所示；右片里只有一个上里袋，位置与左片里相同。

腋下片面及腋下片里裁剪纸样如图 4-141 所示。

（三）领子（图 4-142）

延长 YA' 至 B 点，使 $A'B$ 等于后领弧长，以 A' 为圆心，$A'B$ 为半径画圆弧，使 B 点向

图 4-141　腋下片面及腋下片里裁剪纸样

右旋转偏移至 B'，并使 BB'＝2.5cm，连接 A'B'；过 B' 点作 B'D 垂直于 A'B'，B'D＝6cm，在 B'D 上取 B'C＝2.5cm，B'C 为领座，过 C 点作 B'D 的垂线，并与驳领翻折线画圆顺（即图 4-137 中的 W'S'），曲线 CW' 即为领子翻折线。

画圆顺 B'Y 曲线，即为领下口线，画顺领外口弧线 DE，多边形 EDCB'YX 就是男西服领子净纸样。

领面和领底呢采用不同的纸样，领净样也是领底呢的裁剪纸样；将领净样的外口线在肩线延长线位置切展开 0.5cm，即得到领面纸样，领底呢和领面裁剪纸样如图 4-143 所示。

图 4-142　男西服领子净纸样

图4-143　领底呢和领面裁剪纸样

（四）两片袖（图4-144）

A~B　作垂直线 *AB*，长度等于袖长 60cm，也为袖长基础线。

A~C　在 *AB* 上量取 *AC* = 袖窿弧长/3，即为袖山高，袖窿弧长通过量取衣身上袖窿弧长得到。

C~D　过 *A* 点作水平线，从 *C* 点向该线上作斜线 *CD*，并使 *CD* = 袖窿弧长/2。

C~E　过 *C* 点作水平线，过 *D* 点作垂直线，两线相交于 *E* 点，*CE* 即为袖肥线；将 *AD* 四等分，等分点分别为 *F*、*G* 和 *H*，*CE* 中点为 G_2 点。

C~F_1　从 *C* 点垂直向上 3cm 至 F_1 点，取 F_1 和 *B* 点的中点 *I* 作水平线，即为袖肘线；连接 F_1 和 *F* 点，将其中点 F_2 与 *G* 点相连接。

D~G_1　从 *D* 点垂直向下量取 DG_1 = 袖山高/4；连接 GG_1 和 HG_1。

大袖的前袖缝线　从 *C* 点水平向左 2.2cm 至 C_1 点，从 *B* 点水平向左 2.9cm 至 B_1 点，连接 C_1B_1，将其与袖肘线的交点向右移 1cm 至 *J* 点，曲线连接 C_1、*J* 和 B_1 点，即为大袖的前袖缝线。

图4-144　两片袖净纸样

大袖山弧线 画圆顺大袖山弧线 $C_1F_1F_2GG_1$，并延长至 H_1 点，H_1 在 DE 线水平向右 1cm 得到的垂直线的延长线上。

$G\sim B$ 连接 GB，并作该线的垂线 BL = 袖口 = 14.5cm；连接 EL，与袖肘线相交于 K 点。

大袖的后袖缝线 E 点向右平移 1.2cm 为 E_1 点，K 点向右平移 1.5cm 为 K_1 点，用圆顺的曲线连接 H_1、E_1、K_1 和 L 点，即为大袖的后袖缝线。

小袖的前袖缝线 从 C 点水平向右移 2.2cm 至 C_2 点，从 B 点沿袖口线 BL 量取 BB_2 = 1.5cm，连接 C_2B_2，将其与袖肘线的交点向右移 1cm 至 J_1 点，曲线连接 C_2、J_1 和 B_2 点，即为小袖的前袖缝线。

小袖的后袖缝线 H_1 点水平向左平移 2.7cm 至 H_2 点，从 E 点水平向左 1.2cm 至 E_2 点，用圆顺的曲线连接 H_2、E_2 和 L 点，即为小袖的后袖缝线，与袖肘线相交于 K_2 点。

小袖深弧线 连接 H_2 和 G_2 点，按照图 4-144 所示，画圆顺小袖深弧线 H_2C_2。

大、小袖面、里裁剪纸样分别如图 4-145 和图 4-146 所示。

图 4-145 大、小袖面裁剪纸样

图 4-146　大、小袖里裁剪纸样

三、推板

　　在附录 F 中已经分析了男子 5·4 系列背宽和胸宽的变化量约为 0.7cm，袖窿宽的变化量就是 0.6cm，从男子人体的体型特征看，这组数据的变化是比较合理的，同时也能保证体型的相对稳定。根据前面女西服的袖窿宽深及袖窿深的计算和确定方法（计算过程不赘述），为了计算方便和推板的合理性，袖窿深的变化量采用 0.7cm，计算放大规格的袖窿宽深比为（15.0+0.6）／（20.9+0.7）= 0.722，缩小规格的袖窿宽深比为（15.0-0.6）／（20.9-0.7）= 0.713，而中间规格的袖窿宽深比为 15.0/20.9 = 0.718。通过这三个数值的比较，反映在推板时，放大规格有向 B 体型发展的趋势，而缩小规格则有向 Y 体型发展的趋势，说明这样的推板数据较合理。以下各纸样的推板数据均在上述分析过程的基础上进行处理。

（一）后片面的分析与推板（图 4-147）

　　后片面长度方向的基准线约定为胸围线（虽然经过纱向的确定胸围线已非水平线，但其偏差很小，可忽略），围度方向的基准线采用后中线 AL。

1. 长度方向的变化量分析

F_1、G 点的变化量　这两点都在基准线胸围线上，所以，它们的变化量都为0。

D 点的变化量　D 点为肩点，根据前面的分析，D 点变化量 $=0.7cm$。

C 点的变化量　C 点为颈侧点，由于落肩量在推板时可以变化 $0.1cm$，则 C 点变化量 $=D$ 点变化量 $+0.1=0.8$（cm）。

A 点的变化量　A 点为后领中点，在绘制后片纸样时，后领深的变化量取 $0.05cm$，因此 A 点变化量 $=C$ 点变化量 $-0.05=0.75$（cm）。

E、E_1 点的变化量　E、E_1 点为背宽横线上的点，根据图 4-137 后片纸样中背宽横线的绘制过程，E、E_1 点变化量 $=0.75/2 \approx 0.4$（cm）。

H_1 点的变化量　H_1 点为后袖窿弧线与后片侧缝线的交点，也是背宽横线与胸围线之间垂线的中点，因此，H_1 点变化量 $=0.75/4 \approx 0.2$（cm）。

I_1、J_1 点的变化量　I_1、J_1 点为腰线上的点，由于背长档差等于 $1.2cm$，而胸围线以上已变化了 $0.75cm$，所以 I_1、J_1 点变化量 $=1.2-0.75=0.45$（cm）。

K_1、M 点的变化量　K_1、M 点为臀围线上的点，在前面的章节中已经说明了腰臀深的变化量约为 $0.5cm$，这样，K_1、M 点变化量 $=0.45+0.5=0.95$（cm）。

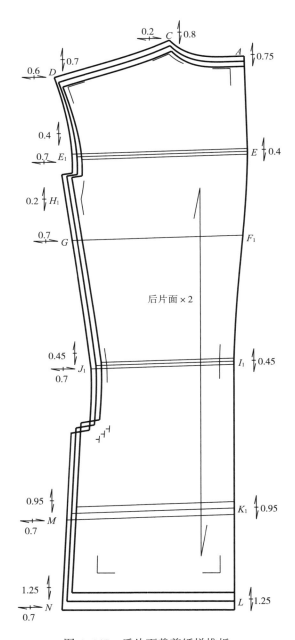

图 4-147　后片面裁剪纸样推板

L、N 点的变化量　L、N 点为底边线上的点，在表 4-16 中衣长档差是 $2cm$，胸围线以上已变化了 $0.75cm$，因此 L、N 点变化量 $=2-0.75=1.25$（cm）。

2. 围度方向的变化量分析

A、E、F_1、I_1、K_1、L 点的变化量　这些点都在基准线后中线上，所以，它们的变化量都为 0。

D 点的变化量　D 点为肩点，由于肩宽档差是 1.2cm，因此，D 点变化量 = 1.2/2 = 0.6（cm）。

E_1 点的变化量　E_1 点为背宽横线与后袖窿弧线的交点，根据前面的分析，背宽的变化量是 0.7cm，所以 E_1 点变化量 = 0.7cm。

H_1 点的变化量　H_1 点为后袖窿弧线与后片侧缝线的交点，且该点与背宽相关，因此 H_1 点变化量 = 0.7cm。

G 点的变化量　G 点为胸围线与后片侧缝线的交点，根据制图方法，G 点在后片背宽线上，则 G 点变化量 = 0.7cm。

J_1、M、N 点的变化量　此三点均位于后片侧缝上，且这些点均与背宽相关，因此，J_1、M、N 点变化量 = G 点变化量 = 0.7cm。

确定好各推板点后，使用中间规格纸样绘制出放大规格和缩小规格的裁剪纸样。

（二）腋下片面的分析与推板（图 4-148）

1. 长度方向的变化量分析

腋下片面选取胸围线为长度方向的基准线，则胸围线上的点 G' 和 L' 长度方向保持不变，即 G'、L' 点变化量 = 0。

S 点的变化量　S 点为袖窿线与后侧缝线的交点，该点与后片上的 H_1 点对应，则其长度方向变化量也是 0.2cm。

H'、N 点的变化量　H'、N 点为腰围线上的点，与后片腰围线上的 J_1 点变化相同，即 H'、N 点变化量 = 1.2 - 0.75 = 0.45（cm）。

R_1、M' 点的变化量　R_1、M' 点为臀围线上的点，与后片臀围线上的 M 点变化相同，即 R_1、M' 点变化量 = 0.45 + 0.5 = 0.95（cm）。

T'、T 点的变化量　T'、T 点为底边线上的点，与后片底边线上的 N 点变化相同，即 T'、T 点变化量 = 2 - 0.75 = 1.25（cm）。

2. 围度方向的变化量分析

在以前侧缝为基准线时，需要用一条辅助基准线，它的使用方法与本章第六节分割线夹克前、后侧片中以侧缝线为基准线时使

图 4-148　腋下片面裁剪纸样推板

用辅助基准线的方法相同，注意三个规格的侧缝线 $G'T'$ 不重叠。然后就可以进行腋下片围度方向的推板。

L' 点的变化量　L' 点为胸围线与后侧缝线的交点，根据前面的分析，袖窿宽的变化量等于 0.6cm，即 L' 点变化量=0.6cm。

S 点的变化量　S 点为袖窿线与后侧缝线的交点，该点与胸围线和后侧缝线的交点 L' 相关，所以 S 点变化量=L' 点变化量=0.6cm。

N 点的变化量　N 点为腰围线与后侧缝线的交点，为了保证后侧缝线的"形"一致，N 点的变化量应采用与 L' 点相同的变化量，即 N 点变化量=L' 点变化量=0.6cm。

M'、T 点的变化量　M' 点为臀围线与后侧缝线的交点，T 点为底边线与后侧缝线的交点，这两点与腰围线和后侧缝线的交点 N 相同，也变化 0.6cm。

确定好各推板点后，使用中间规格纸样绘制出放大规格和缩小规格的裁剪纸样。

（三）前片面的分析与推板（图 4-149）

前片面长度方向的基准线约定为胸围线，围度方向的基准线采用门襟线 $S'S_1$。

1. 长度方向的变化量分析

G 点的变化量　该点在基准线胸围线上，所以 G 点变化量为 0。

A' 点的变化量　A' 点为颈侧点，该点与后片上 A 点相关，所以，A' 点变化量=0.75cm。

F 点的变化量　该点在长度方向由颈侧点 A' 和前落肩量确定，前落肩的变化量为 0.05cm，则 F 点变化量=0.75-0.05=0.7（cm）。

C' 点的变化量　C' 点为袖窿对合点，由于该点到胸围线的距离保持不变，变化量为 0。

H 点的变化量　H 点为腰围线与侧缝线的交点，与腋下片中腰围线上的 H' 点相同，即 H 点变化量=1.2-0.75=0.45（cm）。

R' 点的变化量　R' 点为臀围线与侧缝线的交点，其与腋下片中臀围线上的 R_1 点变化相同，即 R' 点变化量=0.45+0.5=0.95（cm）。

I、I' 点的变化量　这两点为侧缝线上"肚省"处的点，介于腰围线和臀围线之间，可以采用以下的近似变化量，I、I' 点变化量=0.7cm。

Q' 点的变化量　Q' 点为底边线与侧缝线的交点，采用腋下片和后片中底边的变化量，则 Q' 点变化量=2-0.75=1.25（cm）。

S_1 点的变化量　S_1 点为底边线与前门襟的交点，该点与 Q' 的变化量相同，即 S_1 点变化量=Q' 点变化量=1.25cm。

S' 点的变化量　S' 点为驳点（翻折点），采用与"肚省"处的 I 点相同的变化量，即 S' 点变化量=I 点变化量=0.7cm。

L、M、O 点的变化量　L、M 点为扣位点，O 点为口袋处的点，这些点与 S' 基本处于同一位置，因此它们的变化量均为 0.7cm。

N 点的变化量　N 点为装饰扣点，该点的变化可以跟随腰围线的变化而变化，则 N 点

图4-149 前片面裁剪纸样推板

变化量=0.45cm。

V点的变化量 V点为腰省省尖点，省尖点到胸围线的距离可以保持不变，则V点变化量=0。

手巾袋 由于手巾袋位置以胸围线为基础，而且以2.5cm的宽度为定数，因此手巾袋的位置在长度方向保持不变。

2. 围度方向的变化量分析

S'、S_1点的变化量 这两点都在基准线门襟线上，所以，它们的变化量都为0；与门襟线相关的扣位L、M、N点变化量也为0。

A'点的变化量 在前面已经分析知道胸宽的变化量是0.7cm，虽然该点是由胸宽的一半确定，但实际变化量略微比胸宽的一半小，因此，A'点变化量可以取0.3cm。

F点的变化量 F点为肩点，为了保持前肩长与后肩长的变化相匹配，取F点变化量=0.3+1.2/2-0.2=0.7（cm）。

C'点的变化量 C'点为袖窿对合点，该点随胸宽而变，即C'点变化量=0.7cm。

G点的变化量 G点为袖窿线与侧缝线的交点，为了保持前片纸样的侧缝线与袖窿线的"形"一致，G点的变化量与胸宽相同，即G点变化量=0.7cm；同样，前片侧缝上的H、I、I'、R'和Q'点在围度方向的变化量与G点相等，均为0.7cm。

V、O点的变化量 V点为腰省省尖点，O点为口袋端点，这两点均与胸宽的一半有关，因此，V、O点变化量=0.7/2=0.35（cm）；另外，胸省上的其他各点的变化量也为0.35cm。

手巾袋位 手巾袋两端的变化量根据省中心线位置以及袋口大小的变化来进行考虑，靠近袖窿一端的手巾袋变化量采用0.5cm，靠近前中线一端的变化量等于0.5-0.3=0.2（cm），这样，手巾袋实际变化0.3cm。

确定好已经计算出的推板点，除西服的驳头外，将前片的肩线、袖窿线、侧缝线、底边线和门襟线等均按放缩后相应点进行绘制。

放大规格驳头的推板步骤：

（1）用中间规格的颈侧点 A' 与放大规格的颈侧点重合，并使延长的中间规格的翻折线与放大规格的对应点 S' 在同一条直线上。

（2）依中间规格的纸样形状，绘制前领口线 $A'Y$ 和串口线 XY。

（3）依照一般颈围的档差 1cm，后领口变化了约 0.2cm，放大规格的领口线沿中间规格的领口线 $A'Y$ 加长 0.3cm。

（4）再次移动中间规格纸样，使中间规格的领口点 Y 与已加长放大规格的对应领口点重合，依中间规格的串口线绘制出放大规格的串口线。

（5）通常在推板时，驳头的宽度保持不变，按图 3-9 的方法连顺驳头止口线。

缩小规格驳头的推板过程与放大规格的过程相同，注意三条领口线 $A'Y$ 和驳头止口线 ZS' 都不重叠。

（四）挂面的分析与推板（图 4-150）

过面宽度不变，长度方向的基准线是胸围线。

串口线 XY 和驳角点 Z 的变化量　沿过面与前身里的分割线方向取 Y 点的变化 0.3cm；将中间规格纸样中的串口线 XY、XZ 线与翻折点 W' 复制在放大和缩小规格上。

S' 点的变化量　S' 点为驳点，长度方向的变化量与前片上该点的变化量相同，也为 0.7cm，围度方向保持不变。

S_1、Q_1 点的变化量　S_1、Q_1 点为底边线上的点，在长度方向的变化量依旧是 1.25cm，通常挂面的宽度保持不变，所以围度的变化量是 0。

绘制出各推板点，然后连接相应的线条。各规格挂面驳头的推板过程与前片的推板过程相同。

（五）前片里、腋下片里和后片里的分析与推板（图 4-151）

后片里裁剪纸样的推板与后片面裁剪纸样推板的过程相同。

腋下片里裁剪纸样的推板与腋下片面裁剪纸样推板的过程相同。

前片里裁剪纸样推板时，上里袋长度方向不

图 4-150　挂面裁剪纸样推板

变，围度方向靠近侧缝的一端采用了0.5cm，另一端位置不变；笔袋的长和宽均不变；下里袋的长和宽也保持不变，但长度方向随前身面的口袋位而变化，数值为0.7cm。

图4-151　前片里、腋下片里和后片里裁剪纸样推板

（六）大、小袖面的分析与推板（图4-152）

根据绘制两片袖的方法，选取袖肥线为大、小袖的长度方向基准线，选取袖长基础线为围度方向基准线，但需要做两条辅助基准线，大袖的辅助基准线通常采用经过对合点作袖肥的基准线，小袖的辅助基准线在靠近前袖缝处作袖肥的垂线。根据纸样的拟合，袖窿的变化量约为2cm。

1. 长度方向的变化量分析

G点的变化量　G点为大袖袖山顶点，通常，当胸围档差等于4cm时，袖窿档差等于2cm，袖山高的变化量为0.5cm，则G点变化量=0.5cm。

图 4-152　大、小袖面裁剪纸样推板

B_1、L 点的变化量　　B_1、L 点为大袖袖口上的点，袖长档差是 1.5cm，而袖肥线以上部分已经变化了 0.5cm，所以 B_1、L 点变化量 = 1.5 - 0.5 = 1.0（cm）。

J、K_1 点的变化量　　J、K_1 点为大袖袖肘线上的点，根据袖肘线的绘制过程，J、K_1 点变化量 =（1.5 - 0.5）/2 = 0.5（cm）。

C_1 点的变化量　　C_1 点为大袖前袖缝与袖山线的交点，根据制图过程，该点可以不变，即 C_1 点变化量 = 0。

H_1 点的变化量　　H_1 点为大袖后袖缝与袖山线的交点，根据制板的方法，该点可近似取为 0.4cm。

大袖袖衩上点的变化量　　由于袖衩的长度保持不变，所以大袖袖衩上的点随 L 点变化 1.0cm。

C_2 点的变化量　C_2 点为小袖前袖缝与小袖深弧线的交点，与大袖片上的 C_1 点相对应，C_2 点变化量 = C_1 点变化量 = 0。

H_2 点的变化量　H_2 点为小袖后袖缝与小袖袖窿弧线的交点，与大袖片相同，H_2 点变化量 = H_1 点变化量 = 0.4cm。

J_1、K_2 点的变化量　J_1、K_2 点为小袖袖肘线上的点，与大袖上的点 J 和 K_1 变化量相同，J_1、K_2 点变化量 = 0.5cm。

B_2、L 点的变化量　B_2、L 点为小袖袖口上的点，与大袖口上的点变化相同，B_2、L 点变化量 = 1.5 - 0.5 = 1.0（cm）。

小袖袖衩上点的变化量　由于袖衩的长度保持不变，所以袖衩上的点随 L 点变化 1.0cm。

2. 围度方向的变化量分析

根据制图过程中袖肥的确定方法，袖肥的变化量也由实际作图得到：根据前面分析的袖山高变化量，分别从放大、缩小规格的袖山顶点作水平线，并从对合点 C 点向袖山顶点水平线斜量出放大、缩小规格的袖山斜线长（袖窿变化量/2），从而确定袖肥的变化量，以符号"▪"表示。

E_1 点的变化量　E_1 点为大袖袖肥线上的点，根据前面的分析，E_1 点变化量 = ▪。

G 点的变化量　G 点为大袖袖山顶点，该点由袖肥的中点来确定，因此 G 点变化量 = ▪/2。

H_1 点的变化量　H_1 点为大袖后袖缝与大袖袖山线的交点，该点随袖肥变化，即 H_1 点变化量 = ▪。

C、C_1、J、B_1 点的变化量　C 点为大袖对合点，C_1、J、B_1 点为前袖缝上的点，这些点与围度方向基准线距离保持不变，则 C、C_1、J、B_1 点变化量 = 0。

L 点的变化量　L 点为大袖袖口上的点，由于表 4-16 中袖口档差是 0.5cm，所以 L 点变化量 = 0.5cm。

K_1 点的变化量　K_1 点为大袖后袖缝与袖肘线的交点，在绘制出放大和缩小规格的 H_1 点、E_1 点和袖口线后，利用中间规格纸样的后袖缝线分别拟合出放大和缩小规格的后袖缝，进而得到 K_1 点在围度方向的变化量。

C_2、J_1、B_2 点的变化量　C_2、J_1、B_2 点为小袖前袖缝上的点，这些点在围度方向的变化量均为 0。

L 点的变化量　L 点为小袖袖口上的点，由于表 4-16 中袖口档差是 0.5cm，所以 L 点变化量 = 0.5cm。

H_2、E_2 点的变化量　H_2、E_2 点为小袖后袖缝上的点，与大袖上的 H_1、E_1 点相对应，所以 H_2、E_2 点变化量 = H_1 点变化量 = ▪。

K_2 点的变化量　K_2 点为小袖后袖缝与袖肘线的交点，采用与大袖后袖缝线相同的推放方法，得到小袖的后袖缝，然后与中间规格的 K_2 点比较，计算出 K_2 点在围度方向的变化量。

确定各推板点后，使用中间规格纸样绘制出放大规格和缩小规格的裁剪纸样。本例的大、小袖里没有绘制，其推板数据分析过程与大、小袖面的变化相同。

（七）领子的分析与推板

根据领子的绘制过程和特点，可参照第八节女西装领子的推板，图 4-153 中"将领中线剪开放缩 1cm"的操作过程与女西装中领子的推放处理相同。

图 4-153　领底呢、领面裁剪纸样推板

本节思考题

1. 如果手巾袋的大小变化 0.5cm，而且它的相对位置要保持不变，推板数据如何处理？还有哪些数据必须改？

2. 如果西服是采用有条格的面料来缝制，挂面的纸样如何处理？布纹方向怎样？

3. 如果要绘制 B 体型的纸样，各纸样如何处理？如何推放？

4. 在男西服缝制过程中需要哪些工艺纸样？

5. 图 4-153 中领子与肩点的对位点应怎样标注？

基础理论及应用提高——

计算机在服装工业制板中的应用

课题内容： 1. 服装 CAD 概述。

2. 计算机辅助纸样设计。

3. 计算机辅助推板。

上课时数： 8 课时

教学提示： 随着服装 CAD 技术在服装工业中使用的普及，学生必须了解服装 CAD 的发展历程和其组成重点，即计算机辅助纸样设计和辅助推板。要强调计算机只是起到辅助的作用，没有扎实的服装结构和推板实践知识，就无法发挥计算机高效、快捷的功能。

教学要求： 1. 了解服装 CAD 的发展过程和系统构成。

2. 了解目前市场上不同制造商的服装 CAD 技术及设备的基本特点。

3. 了解计算机辅助纸样设计的方法和过程。

4. 了解计算机辅助推板的方法和基本操作环节。

课前准备： 针对不同制造商的服装 CAD，教师准备好一些基本纸样的电子文档，用于现场教学和指导。

第五章　计算机在服装工业制板中的应用

第一节　服装 CAD 概述

　　服装 CAD（Computer Aided Design），即计算机辅助服装设计，是指通过使用计算机软硬件，设计师或技术人员可以更好地完成面料设计、服装款式设计、纸样设计及相关工艺处理的技术。服装 CAD 技术是一项综合性的，集计算机图形学、数据库及服装专业知识于一体的高新技术。该技术的应用虽不能完全降低生产过程中对技术的要求，却能大大提高生产效率；虽不能替代设计天赋，但可以让设计师和技术人员从费时的重复性劳动中解脱出来，取得更多成果。随着服装 CAD 技术的发展，尤其是三维服装 CAD 技术的应用，必将进一步提高服装生产效率，提升服装品牌的科技含量。

一、服装 CAD 技术的发展历程

　　与其他行业相比，服装行业具有劳动密集型的特点，其信息化建设程度一直处于落后状态。然而，服装 CAD 技术历经 40 多年的发展，在服装企业中却得到了广泛地应用。

　　其应用始于 20 世纪 70 年代，美国的罗恩·马特尔（Ron Martell）提出了服装 CAD 的初始模型，即由输入设备读取手工样板，在计算机中进行排料，然后输出。美国的格柏（Gerber）公司在服装 CAD 技术市场化的过程中起到了巨大的推进作用，他们将罗恩·马特尔开发的服装排料系统推广到了很多企业，随后法国力克（Lectra）公司也推出了服装 CAD 系统。其后又出现了另外几家服装 CAD 软件供应商，如西班牙的艾维斯（Investronica）公司和德国的艾斯特奔马（Assyst-Bullmer）公司。进入 20 世纪 90 年代中期，我国也开始着手研发服装 CAD 系统，如深圳盈瑞恒科技有限公司、北京日升天辰电子有限公司等。这个阶段的服装 CAD 技术的应用主要集中在服装纸样设计、推板和排料方面，部分软件推出了款式设计功能。

　　到 20 世纪 90 年代末，国内外一些服装 CAD 软件公司和院校开始研究三维服装 CAD 技术。三维服装 CAD 技术，是指在计算机上实现三维虚拟人体、三维服装设计、二维纸样的三维缝合及三维试衣效果的动态展示等全过程，其最终目的在于不经过实际样衣的制作和试穿，而是由虚拟模特试穿，从而达到节省时间和财力，提高服装生产率和设计质量的目的。显然，三维服装 CAD 比二维服装 CAD 更具有吸引力，也是公司形象的一种体现。三维服装 CAD 技术经过十多年的发展，目前已经有多款成型的产品，包括 V-

Stitcher、CLO3D 和 Optitex 等。运动类服装企业成为三维服装 CAD 最先应用的领域之一，如世界著名运动品牌阿迪达斯（Adidas）、耐克（Nike）等。

（一）服装款式设计系统（Designer System）

服装款式设计系统是利用计算机辅助服装设计师进行构思、创意和设计，一般分为用于绘制服装效果图和服装款式图两类。目前，这两类软件都有通用的图形图像处理软件和专业的服装款式设计软件。通用的图形图像软件，如 Illustrator 和 CorelDRAW 多用于绘制工业用服装款式图，Painter 和 Photoshop 多用于绘制呈现设计效果的服装效果图。而专业的服装设计软件则提供了更加丰富的图形绘制工具，提高了工作效率，但由于其价格较高，企业应用并不广泛。通常服装款式设计系统应具有的功能有以下几点。

1. 款式的创作与修改功能

一般有两种方法可以得到服装款式图：一种是在空白的工作区上进行创作，因此系统应提供与手工绘制对应的绘画工具（如铅笔、毛笔、喷笔等），图形的颜色、线宽、线型可以由设计师随心所欲地选择，当然有些系统还提供了数位板和压感笔的输入接口，用户可以直接使用在数位板上手绘的方式绘图；另一种是采用扫描仪或照相机将手绘图稿输入计算机，再对输入的图稿用画笔和填充等功能进行处理。如果还要对已有的图形进行再创造的话，还应具有添加、删除、改变、重叠、拼合、切割等修改功能及阴影、省褶效果处理等功能。这些功能可以使设计师快速灵活地画出效果图或创新的款式图。

2. 强大的色彩管理功能

系统需要提供色彩管理功能，包括提供颜色库和颜色编辑功能，设计师既可以调用系统提供的调色板，也可以通过色彩调配功能得到与自己的设计相配的调色板，还可以通过工具在画面中选取任何一种颜色放在调色板中作为备用色。

3. 具有大量的图库功能

款式设计系统为了方便设计师的创意，在系统内建立了人体动态库、款式库、褶皱库、部件库等，并且随着不断的使用而日渐丰富，这就给服装设计师拓展了创作思路。

4. 具有款式设计外延功能

所谓的外延功能是指与款式设计相关的功能，如真实面料图样、图案花型等功能。这样设计师可以直接在计算机上设计出自己满意的面料、图案，使设计师的灵感再次得到激发。

5. 文件管理功能

为了能使设计师顺利地进行创作，款式设计系统还具有文件管理功能，设计师可以随时调入、保存、打开文件，还可以对不同的文件同时进行编辑。

（二）服装纸样系统（2D-CAD System）

服装 CAD 产生之初主要有推板（Grading）和排料（Marking）两大功能。后来，德国

图5-1 服装纸样系统的基本处理流程

的 Assyst 公司开发出了纸样设计系统，即 PDS 系统。自此，服装纸样系统一般包括纸样设计（Pattern Design）、推板（Pattern Grading）和排料（Marking）三个模块。同时，纸样设计模块中都会包含纸样输入功能。服装纸样系统的基本处理流程如图 5-1 所示。从中可以看出，服装 CAD 软件中获得纸样一般有两种方式，一种是手工绘制纸样，然后输入计算机；一种是直接在服装 CAD 软件中绘制纸样。得到纸样后，可以将纸样进行检验和修改，然后可以进行推板和排料，最后输出。服装纸样系统一般包括两个独立模块，一个是服装纸样设计与推板模块，一个是排料模块。

1. 纸样设计（Pattern Design）模块

纸样设计模块可以实现纸样输入、纸样绘制和纸样修改等功能，从其设计原理和思路上可分为三个类型：辅助设计、自动设计和三维立体设计。

（1）辅助设计：即辅助制板师完成纸样的设计，制板师可以通过纸样扫描仪或数字化仪（图5-2、图5-3）将手工制作的纸样输入系统，然后进行纸样的修改，也可以采用系统提供的笔、直尺等作图工具，按照手工制板的方法和顺序，设计出纸样，纸样完成后可以通过绘图机等输出设备绘制或切割出纸样。

图5-2 纸样扫描仪

图5-3 数字化仪

（2）自动设计：或称为参数化自动设计，是按照专家经验将纸样的多数尺寸与胸围、身高等几个主要参数进行关联，然后通过一定的输入手段将这些经验公式输入系统中，用户在进行纸样设计时，就可以通过输入几个主要的参数实现某类纸样的自动设计，同时通过修改这几个主要参数也可以得到不同尺寸的纸样，还可以修改纸样的设计公式。这样就使纸样设计大大优于手工设计的过程。而且随着人工智能技术的迅速发展，将会使服装纸样设计进入一个崭新的时代。

（3）三维立体设计：是纸样设计实现平面与立体结合的发展方向。依靠三维图形学技术的发展，把平面的服装样片和立体的人体模型结合起来，使纸样设计更科学、更合理。在三维数字化人体上，设计师可以直接设计服装款式，并对其进行修改，最后直接生成二维纸样。三维数字化设计的实现是非常困难的，目前的技术只是能够实现简单款式的设计或对已有设计的简单修改。但三维技术的真实空间感和二维纸样的实时转换仍然能够对设计师提供很大的帮助，如在三维款式上画出的设计线可以通过旋转看到接近真实的效果，以帮助设计师判断设计线的位置和长度等是否合适。图5-4所示为使用日本 DFL 公司的 Look Stailor X 系统设计的简单款式及生成的二维纸样。

图5-4 Look Stailor X 系统三维款式与二维纸样

2. 推板（Grading）模块

推板又称为放码，由于手工推板的步骤较多，包括移点、描板和检查等步骤，所以手工推板费时费力。但使用计算机进行推板则快速得多，推板师只需要在固定的推板点上输入推板规则，计算机就可以自动绘制出基础样板之外的其他样板。

推板模块中所使用的基础纸样可以是通过立体裁剪或平面制板得到的手工样板，也可以是通过纸样设计模块设计出的基础纸样，这两种纸样都可以通过表格数字编辑、公式解释、切开线或网状图输入等方式，建立起纸样上各推板点的推板规格表，瞬间完成多个规格纸样的推板。

在服装纸样系统的推板模块中，一般常用两种推板方式：点放码法和切开线法。

（1）点放码法：每个衣片都有一些关键点，这些点决定纸样的尺寸和形状，因此，这些点又叫放码点，或称推板点。在推板时，可根据前面章节中的方法或实际经验，给每个点以放大或缩小的变化量，即长度方向和围度方向的变化值，当给出这些必需的推板点变化量后，新产生的点就构成了放大或缩小纸样上的关键点，然后再绘制并连接成放大或缩小的纸样。

（2）切开线法：它引用的原理就是第三章讲述的推板原理，在纸样应放大或缩小的位置引入恰当、合理的分割线，然后在其中输入切开量（根据档差计算得到的分配数），即可自动放缩。切开线的位置和切开量的大小是这种推板技术的关键，从理论上说，无论多么复杂的纸样，均可以很快地完成。而人工推板是无法使用这种方法的，从中能体会到计算机在这方面的优势。

3. 排料（Marking）模块

排料就是在给定布幅宽度的布料上根据规则摆放所要裁剪规格的纸样，其摆放应使耗料率最低。计算机排料是根据数学优化原理利用交互式图形学技术设计而成的。把传统的排料作业计算机化，把排料师丰富的经验与计算机特有的快捷、方便、灵活等特点结合起来。

服装 CAD 软件的排料系统，一般都提供两种排料方式：自动排料和交互排料。自动排料是软件根据服装样片的形状和大小，按照一定的算法，自动排列在排料区中。交互排料是指用户可以使用鼠标手动将纸样在排料区中进行排列，用户可以反复尝试，直到满意为止。通常情况下，有经验的排料师会首先使用自动排料，然后使用交互排料方式进行调整，这样可以得到不错的利用率。随着软件公司在计算机自动排料算法方面的不断探索和积累，自动排料的利用率已经越来越高，很多公司推出了超级排料工具，可以将自动排料的利用率提高到接近有一定经验的排料师手工排料的利用率。

（三）三维服装 CAD 系统（3D-CAD System）

三维服装 CAD 系统是指在三维平台上实现人体测量、人体建模、服装设计、裁剪缝合及服装虚拟展示等方面的技术。其目的在于不需要制作实际的服装，由三维数字化人体完成着装效果的模拟，同时能得到服装平面纸样的准确信息。进入 21 世纪，三维服装 CAD 开始引起了人们的广泛关注，很多公司和高校都投入大量精力对三维数字化技术进行研究，产生了很多成果，并有了比较成熟的商业化软件。三维服装 CAD 系统的主要功能包括：三维数字化人体模型、三维数字化设计与缝制、三维数字化 T 台秀等。

1. 三维数字化人体模型

三维数字化人体模型是三维服装数字化技术的基础，有了数字化人体模型后，才可以实现设计、试衣等其他虚拟化工作，通常建立数字化人体模型有三种方法。

（1）三维重建：即通过三维人体扫描技术，获得人体点云数据，然后重建为精细的人体模型。一般扫描时，人体腋下、脚部等扫描不到的地方会存在缺陷与空洞，需要做一定的后处理工作。

（2）软件创建：借助于现有三维建模软件如 Poser、Maya 和 3DMax 等，交互构建虚拟人体模型。这种方法需要相当的专业知识，制作时间较长，且建模结果与实际人体有一定的差距，一般比较难用于服装数字化。

（3）基于样本的方法：通过插值或变形样本人体模型，得到符合个性特征的人体模型。该方法根据人体的恒定结构特征和外形特性，可直接由人体的关键特征信息，得到三维人台模型并可实现参数化。

2. 三维数字化设计与缝制

三维数字化设计与缝制技术可以实现二维服装样片在三维状态下的缝合，展示出服装实际缝合后的虚拟效果，以帮助设计师和样板师对设计的服装进行评价和修改。三维数字化缝制技术可以实现二维服装 CAD 软件制作的样板的读取、二维样板的修改和三维效果的实时展示。这种技术是目前三维服装 CAD 系统中的主要模块，也是服装企业应用最广泛的三维数字化技术。图 5-5 所示为 CLO3D 系统导入的二维样板及缝制后的三维展示效果。

图 5-5　CLO3D 系统展示的三维缝制效果

3. 三维数字化 T 台秀

三维数字化 T 台秀即通过三维虚拟模特的 T 台走秀，实现三维虚拟服装的动态展示。三维 T 台秀的实现需要复杂的计算机技术，包括虚拟人体的行走、多层服装及服装与人体之间的碰撞检测等。图 5-6 所示为 3D Show Player 制作的 T 台秀。

图 5-6　3D Show Player 制作的 T 台秀

（四）试衣及量身定做（Testing & Tailoring System）系统

由于人们生活水平的提高，对着装的要求越来越趋向个性化、合体化，随着数码相机及图像采集卡等图像处理系统技术的不断发展，试衣系统成为顾客与商场之间交流的桥梁，一般试衣系统具有以下功能：

（1）摄像输入功能。

（2）丰富的图像库功能，库中保存有大量的服装款式图。

（3）试衣功能，当得到顾客的必要尺寸后，再从图库中选择服装款式，显示穿着效果。

（4）彩色图像输出功能，以彩色照片的方式输出试衣效果图。而量身定做系统既可以成为试衣系统的补充，又可以利用互联网使服装制造商得到客户的参考尺寸，完成纸样的修改处理，在缝制后交寄给客户。

由于服装 CAD 系统的功能模块较多，根据工业制板的特点在第二节和第三节中主要讲述纸样设计（Pattern Design）模块和推板（Grading）模块。

二、部分有影响的服装 CAD/CAM 系统简介

到目前为止，我国服装加工企业和服装院校在使用着来自国内外三十多家制造商的服装 CAD 系统，每个系统各有特点。其中，影响较大的国外公司有美国的格柏科技有限公司、法国的力克公司、德国的艾斯特奔马公司等；国内有深圳盈瑞恒科技有限公司、北京

日升天辰电子有限公司、深圳布易科技有限公司、杭州爱科电脑技术公司等。

（一）国外服装 CAD/CAM 系统

1. 美国格柏

格柏科技有限公司是世界著名的服装行业软硬件自动化系统供应商，他们的服装 CAD/CAM 产品涵盖了信息管理、产品设计与开发、预生产和生产过程的自动化，由产品生命周期管理系统（YuniquePLM）、款式设计系统（Artworks）、纸样及推板排料系统（Accumark）、全自动铺布机（Spread）、自动裁剪系统（Gerbercut）、吊挂线系统（Gerbermover）等组成，其中服装 CAD 系统的主要特点如下：

（1）系统提供了多种绘图工具，扩大了设计师的创作空间。设计师利用光笔可按更接近于自身的习惯进行面料、款式、服饰配件的设计，操作简单、效率提高。

（2）系统实现了与服装 CAM 系统、产品生命周期管理系统的一体化，从服装款式图、纸样数据、排料图到三维试衣数据可以在一体化系统中自由读取，没有任何信息的丢失。

（3）具有强大的自动排料功能，一定程度上可以代替手工排料，提高了生产效率，节约了面料成本。

2. 法国力克

力克系统总体水平较高，在输入输出的质量、系统精度、可靠性及稳定性方面有很大的优势，是服装 CAD/CAM 系统的领导品牌之一。从 20 世纪 70 年代至今，系统分布全球 80 多个国家和地区的 6500 多家用户。力克公司的产品由设计系统（Kaledo）、纸样设计和推板系统（Modaris）、交互式和智能型排料系统（Diamino）、产品生命周期管理系统（Fashion PLM）、裁剪系统［拉布（Progress）、条格处理（Mosaic）、裁片识别（PostPrint）及裁剪（Vector）］等组成，该系统的特点如下：

（1）产品具备智能化、开放性并支持多种操作平台，使用户有充分的选择范围。

（2）设计系统涵盖了纱线设计、机织面料设计、针织面料设计和款式设计模块，使设计师不仅可以自由设计，还可以立刻观看到从款式填充面料的效果，非常方便。

（3）与格柏系统一样，力克系统也能够提供从产品设计、信息管理、三维虚拟展示到自动化生产的一体化解决方案。

3. 德国艾斯特奔马（Assyst-Bullmer）

德国艾斯特奔马公司也是世界著名的服装 CAD/CAM 供应商，虽然它的产品进入中国市场的时间较晚，但它在欧美的服装企业界享有很高的声誉，其主要产品有：款式设计系统（Graph. assyst），工艺制造单系统（Form. assyst），制板、推板和款式管理系统（CAD. assyst），成本管理（Cost. assyst），自动排料系统（Nest. assyst），裁剪系统（Cut. assyst）等。该系统的特点如下：

（1）可以提供多种典型款式的工艺制造单。

（2）提供 400 多种功能，使制板、推板和排料等更容易。

（3）与 Human Solution 三维扫描仪、Vidya 三维试衣系统等无缝衔接，为单量单裁或高级定制企业提供很好的解决方案。

4. 新加坡 V-Stitcher

V-Stitcher 系统是新加坡 Browzwear 公司（Browzwear Solutions Pte Ltd.）的三维服装 CAD 系统。V-Stitcher 系统主要用于服装领域，世界上很多著名的体育用品公司是它的用户，如 Adidas、中国乔丹等。该系统的主要特点如下：

（1）提供了面料物理属性的简单测试装置，使得虚拟面料的参数设置比较容易。

（2）功能全面，非常接近服装工业的实际使用。

（3）与二维服装 CAD 软件兼容性好。

5. 韩国 CLO3D

CLO 系统是韩国 CLO 虚拟服饰公司（CLO Virtual Fashion Inc.）的产品，有两个版本，分别是 Marvelous Designer 和 CLO3D。前者主要应用于 CG 动画领域，致力于更快更容易的创建逼真效果的 3D 服装。Marvelous Designer 的客户很多，其中包括著名的美国艺电公司（Electronic Arts 公司，简称 EA）、贝勒医疗系统（Baylor Health System）等。CLO3D 主要用于服装领域，世界上很多著名的高校和公司都在使用。该系统主要特点如下：

（1）操作简单，易于使用，虚拟效果逼真，非常适合服装设计师使用。

（2）能够实现动态的虚拟 T 台秀展示，让使用者对自己设计的虚拟服装有更加真实的感觉。

（3）提供多种通用文件格式，能够直接与其他 3D 软件和二维服装 CAD 软件兼容。

其他的国外 CAD 系统还有加拿大的 PAD，日本的东丽、优卡、旭化成，以色列的 Optitex，美国的 PGM 等。

（二）国内服装 CAD 系统

1. 富怡服装 CAD/CAM 系统

深圳盈瑞恒科技有限公司是国内著名的服装 CAD/CAM 系统供应商，是国内著名的较早开发 CAD/CAM 系统的公司之一，产品包括：富怡服装设计放码 CAD 系统、富怡服装排料 CAD 系统、富怡绣花 CAD 系统及多种 CAM 系统，其服装 CAD 系统的特点如下：

（1）纸样设计、放码界面合二为一，操作简单，工具使用人性化。

（2）纸样绘图位置拥有记忆功能。

（3）放好码的纸样可以对任意两个码之间进行 1/2 或者是 1/4 等的加减码。

（4）修改自动联动，对基础号的袖窿和领窝进行修改后，其他号的袖山和领子会随之自动改动。

2. 日升 CAD 系统

北京日升天辰电子有限公司是专门从事服装行业计算机应用系统技术研究、开发和推广应用的高新技术公司，它的产品主要有：服装工艺 CAD 系统（原型制作、纸样设计、推板和排料）、量身定做系统和工艺信息生产管理系统。其服装工艺 CAD 系统的特点如下：

（1）制板、推板一体化，尺寸表制板后自动放码并有多种放码方式供选择。

（2）多种打板工具，能准确而随意绘制各种线条，及时进行长度调整、相关的修正处理、拼合检查、省道处理。

（3）自动对格对条排料及全自动、半自动、手动排料相结合。

3. ET 服装 CAD 系统

ET 服装 CAD 系统是深圳布易科技有限公司的主要产品，公司成立较晚，但其产品被国内很多中小企业迅速接受，使用率较高，其产品的主要特点如下：

（1）尊重使用者的习惯，让用户能随心所欲地使用软件。

（2）强大的自由设计功能，配合智能化的设计工具，使 ET 系统具有空前的设计适应性，能伴随设计师完成最复杂最精密的设计。

4. 爱科服装 CAD 系统

爱科服装 CAD 系统是杭州爱科电脑技术公司的主要产品，该 CAD 系统由款式设计、纸样设计、推板、排料、试衣、三维设计等模块组成，各模块的功能基本与常见的服装 CAD 系统相似。该系统的特点如下：

（1）自由对样板进行调整、分割、拼合、变形、圆顺、交接等处理。

（2）定义部位之间联动功能，可设置关联功能的启用或者关闭。

（3）各类省、褶处理功能，提供牙口和标志符号，标志符号可自由编辑。

（4）对已经设置的放码值可进行修改，添加处理，即时显示放码结果。

其他还有北京平安华艺科技发展有限公司的"丝绸之路"、深圳拓普顿科技有限公司的 TOP-XP、北京六合生公司的至尊宝坊、北京金合海泰信息技术有限责任公司的 GENIS3000-XP、上海德卡科技有限公司的 DECO、深圳博克科技有限公司的博克、广州樵夫公司的樵夫等 20 多家的服装 CAD 系统。

三、服装 CAD 的应用及展望

目前，发达国家绝大多数服装企业都已配备了服装 CAD 系统，企业与合作工厂之间的数据交换也都是服装 CAD 系统生成的文件。近十几年来，随着我国服装教育对服装 CAD 的重视，以及国内多家服装 CAD 供应商的出现，我国服装企业使用 CAD 的普及率也大为提高，其中近万家规模型服装企业使用 CAD 的普及率达到了 95% 以上。服装 CAD 在企业中的使用，既提高了服装企业的社会形象，又使服装企业的经济效益有所提高。

（一）我国服装 CAD 的应用现状

与其他国家相比，我国服装 CAD 在使用、普及和认识上还存在一定的差距，特别是一些中小型企业的技术人员还没有完全认识到其潜在的经济价值。这在一定程度上制约着我国服装设计的质量、生产周期，也跟不上多品种、小批量、短周期、高质量的新时期服装生产特点，导致这些问题的主要原因有以下几个方面。

1. 引进高新技术的资金不足

许多服装企业的生产规模较小，生产效率较低，效益较差，缺乏技术改造、设备更新和高技术引进的能力，想从有限的流动资金中进行投资有些困难，而一套比较完整的中高档国产服装 CAD 软硬件系统约需资金 10 万元，这其中包括常规的服装 CAD 软件（纸样设计、推板和排料系统）、数字化仪（板）、扫描仪、计算机一套、打印机、绘图机等。目前，三维服装 CAD 系统主要是国外的几个品牌，每套基本需要十几万元，对中小企业来说，更是困难。

2. 缺乏既懂计算机又了解专业知识的人才

由于服装的高等教育和职业教育起步较晚，整个行业的技术力量也较薄弱，企业中具有大专以上学历的技术人员少，员工素质有待提高，对服装 CAD 的使用和消化吸收能力不强。另外，部分打板师手工制板已经很多年了，很难再习惯使用服装 CAD 制板，他们认为手工制作 1：1 的纸样比计算机屏幕上显示的缩小比例的纸样更加直观，更加准确。

3. 服装 CAD 制造商与服装企业用户之间的协调、配合及服务

服装 CAD 软件的研究和开发必须有服装领域的工程师参与，以防系统实用性的降低。市场的变化、新技术的革新要求 CAD 系统不断升级和完善，当系统出现疑问时能及时为企业解决，提高售后服务的质量。

虽然上面的问题亟待解决，但我国二维服装 CAD 技术的研发已经走在了世界的前沿，开发出很多适合我国服装业生产特点的 CAD 产品及发达国家垄断的配套硬件设备，大大降低了 CAD 系统的采购成本，为企业普及 CAD 系统提供了保障，随着 CAD 的推广和应用，高新技术在服装行业得到了发展和普及。

（二）服装 CAD 系统的发展

服装 CAD 的快速发展主要是信息技术和网络加速推动的结果，从目前看，服装 CAD 系统的发展有以下一些特点。

1. 集成化

二维服装 CAD 系统、三维服装 CAD 系统及人体测量设备的集成，服装 CAD 系统与计算机集成制造系统（CIM）、企业信息管理系统（ERP）和产品生命周期系统（PLM）的结合，这种集成一体化趋势是服装 CAD 技术在服装企业中的应用趋势。

2. 虚拟化

随着三维服装 CAD 技术的成熟，三维服装 CAD 系统将应用于服装企业产品的开发和营销展示等多个方面，很大程度上实现产品的虚拟化，节省企业样品开发等的费用。

3. 智能化

充分吸收优秀服装设计师、制板师、推板师、排料师的成功经验，建立和丰富专家知识库，使服装 CAD 系统达到智能化、自动化。

4. 标准化

各服装 CAD 系统的研究和开发应保证系统具有一定的开放性、规范化，使各系统的数据格式保持一致，能相互交流并传递信息。

5. 网络化

信息的及时获取、传送和快速反应，是企业生存和发展的基础。服装 CAD 系统的各种数据可通过网络进行通讯，并与数据库技术相集成，以缩短产品开发周期、降低成本、提高质量、改进企业管理。

第二节　计算机辅助纸样设计

传统纸样设计的方法大多采用比例法、原型法和其他裁剪法。计算机辅助纸样设计系统（Pattern Design System，简称 PDS）产生于 20 世纪 90 年代初，它的出现不仅仅基于以上的原因，还有高科技更多地参与服装工业，在西方发达国家，劳动力的短缺，劳动力成本的提高等因素。由于计算机最大的优势在于运算速度快，运算量大，精确作图，对重复工作得心应手；而且 PDS 有非常友好的用户界面，并带有多种作图工具，如画直线、曲线，甚至有屏幕模拟曲线板去拟合用户要求的曲线等，还有比较详细而又易学的操作过程，PDS 呈迅速发展态势。

目前的 PDS 主要有三类：

（1）利用系统提供的作图工具，按照手工制板的方法和顺序设计纸样，这就是人机交互方式的制板。

（2）利用通过数字化仪输入的纸样作为母板，在系统中显示该纸样并进行修改，使之符合所要求规格的新纸样。

（3）在制板的同时输入公式并保存，当要制作类似的服装时，只要输入该款服装的尺寸，就可以自动绘制出所需要的纸样，虽然它是自动打板的雏形，但目前的 PDS 还是受到用户的欢迎。

对于常规款式的纸样设计，制板师利用 PDS 系统可以较快地完成设计任务。根据资料介绍，使用 PDS 设计纸样可以提高效率 20%～40%。

纸样设计系统主要包括以下基本功能。

一、号型规格表

号型规格表，既可以国家服装号型标准为依据设计服装的成品规格，也可以根据订单提供的尺寸进行编辑。

图 5-7 所示为某 CAD 系统纸样设计系统中的尺寸表。

图 5-7　纸样设计系统中的尺寸表

二、设计工具

通过使用设计工具，可以实现绘制和修改纸样的结构线。其中，绘制工具一般包括绘

设计工具

纸样工具

放码工具

图 5-8　部分工具

制点、直线、曲线、矩形和圆等常见元素的工具。还包括提高制图效率的辅助工具，如等分规等。修改工具主要包括用于调整线段形状、线段长度、纸样位置等方面的工具。检查工具主要包括用于检查线段长度、缝合线段的形状等方面的工具。图 5-8 中最左一列图标为部分设计工具。

1. 绘制工具

绘制工具用于实现纸样的点和线的绘制。不同的服装 CAD 系统在进行结构线设计时有不同的操作方式，但目前多数 CAD 系统倾向于多种绘制功能集成到一个工具上，这个工具就像手工绘图使用的铅笔，可以绘制出垂直线、水平线、平行线、45°斜线、任意角度直线及曲线等。这样可以大大提高纸样设计的效率，不需要频繁地切换工具。

2. 修改工具

修改工具用于调整线段形状、线段长度、纸样位置等。在纸样设计的过程中，经常需要修改，如袖窿曲线

的形状很难一次绘制到位，可以通过修改工具将曲线调整圆顺。有时绘制线段的长度需要修改，甚至将纸样进行移动等，这些操作都可以通过修改工具进行。

3. 检查工具

检查工具用于检查线段长度、缝合线段的形状等。检查工具可以测量一段线的长度、多段线相加所得总长、比较多段线的差值等，如袖山曲线与袖窿曲线的缝合吃量的检查。

4. 辅助设计功能

如窗口放大设置功能可以使制板师以 1：1 比例看到纸样的细节和曲线的真实形态，线型和颜色的变化使纸样轮廓线和辅助线更容易区分，纸样移动功能可以随心所欲地移动纸样使观察更直观等。

三、纸样工具

使用设计工具绘制的结构线（图 5-9）还无法直接用于工业生产，还需要进一步的加工处理，每个纸样设计系统都提供了纸样的加工功能，如有的已生成的纸样应该进行转省、加褶、分割等处理，以往用人工的方法只能用纸样折叠、剪开、转移等方法实现，比较费工费时，而且精确度不是很高，在使用计算机制板时只需几秒钟即能迅速准确地完成；还有纸样上必需的对合点位置、布纹方向等；加放缝份和折边后才能成为工业中的裁剪纸样，然后通过绘图机绘制出来，交付生产使用，或以文件方式传送给推板和排料系统。

图 5-9 设计工具绘制的结构图

　　有的在同一张结构图上，要把不同的但相关的纸样分离出来，使用加工功能，将大大减少重复性的设计和绘制工作，节约时间，提高制板效率。

　　纸样工具，如图 5-8 中第二列所示。经过纸样工具处理后，可以用于工业生产的纸样如图 5-10 所示。

图 5-10　纸样工具处理过的工业纸样

四、纸样的输出

　　设计完成的纸样通过绘图机或打印机按 1：1 的比例或缩小比例进行绘制，这样能更直观地了解设计的纸样与实际手工绘制的纸样是否有区别，进而再修改并确认。

　　随着纸样设计系统的充分利用，纸样库中的信息量也会随之增加，这些信息为制板师提供了很大的参考价值，从而最大限度地发挥计算机纸样设计系统的效率。

五、衬衫纸样设计

　　以第四章第五节的男衬衫为例，由于本例只是简单介绍使用 CAD 软件进行纸样设计的过程，所以只选择了前两个部分（后片和前片）进行简单制作，规格尺寸采用表 4-10 中的尺寸，读者可以参考相应软件的操作手册自行完成其他部分，具体步骤如表 5-1 所示。

表 5-1　衬衫纸样设计步骤

功能名称及说明	图　示
1. 后片结构线绘制 　　［矩形］：输入宽 28cm（胸围/4）、高 80cm（衣长），绘制出后片基础矩形 　　［智能笔］：使用平行线功能，由上平线向下 42cm，绘制出腰围线 　　［智能笔］：使用垂直线功能，距离 A 点 7.1cm（领宽），向上绘制出 2.4cm（领深）的垂线 　　［智能笔］：绘制出后肩线 　　［智能笔］：使用水平线功能，从肩点作出长度 1.5cm（冲肩量）的水平线 　　［智能笔］：使用垂直线功能，从 B 点向下绘制出长度为 24cm 的垂直线 　　［智能笔］：使用平行线功能，经过 C 点，绘制出胸围线 　　［智能笔］：使用曲线功能，绘制出袖窿线 　　［智能笔］：使用水平线功能，A 点向下 6cm 处，绘制出水平线 　　［智能笔］：使用曲线功能，绘制出后片分割线 　　［智能笔］：使用延长功能，将分割线向右延长 3cm，并绘制出后中线右侧部分 　　［智能笔］：绘制出褶裥位置 　　［智能笔］：使用曲线功能，绘制出侧缝线和底边线	
2. 前片结构线绘制 　　［移动］：使用移动复制功能，复制出后片辅助线，作为前片辅助线 　　［智能笔］：使用平行线功能，前片下摆基础线向上 4cm 绘制出新的基础线 　　［比较长度］：测量出后片领宽为 7.1cm 　　［矩形］：绘制出前领口辅助矩形，宽 7.1cm，高 8.1cm 　　［智能笔］：绘制出前领弧线 　　［智能笔］：使用垂直线功能，距离 A 点 23cm（肩宽/2），向下绘制出 5cm（落肩量）的垂线 　　［智能笔］：使用水平线功能，从前肩点向左绘制长度为 2.5cm 的水平线 　　［智能笔］：绘制出前袖窿曲线 　　［智能笔］：使用平行线功能，由前中线向左、右各 1.75cm 复制出门襟边宽度线。并绘制出右前片的折边线 　　［智能笔］：使用平行线功能，复制出前片过肩分割线 　　［智能笔］：使用曲线功能，绘制出侧缝线和底边线	

续表

功能名称及说明	图　示
3. 纸样裁剪 　[对接]：将前片肩部的过肩部分复制对接到后片的肩线上 　[剪刀]：顺时针方向单击过肩的边线，将其裁剪成样片，同样将后片和前片裁剪出来 　[布纹线]：将后片和前片的布纹线修改为垂直 　[显示结构线]：单击显示结构线工具，暂时取消结构线的显示	
4. 过肩及扣位 　[移动纸样]：将过肩纸样向上移动一段距离 　[纸样对称]：将过肩的另外一侧对称出来 　[钻孔]：在前中线上绘制出扣子的位置	

第三节　计算机辅助推板

推板系统是服装 CAD 系统中最为普及且最受欢迎的模块之一。所谓计算机推板，就是把手工推板过程中建立起的推板规则用计算机程序来实现。利用计算机准确、快速的运算能力，可使推板的效率提高几倍至几十倍，特别是号型或规格越多，提高的效果也越高；使用计算机推板精确可靠，避免了人为因素造成的误差；使用绘图机绘制的纸样曲线光滑、圆顺，点、线的定位准确、规范；推板出的纸样用数据文件的格式加以保存，便于查询，不像手工绘制出的纸样既占空间又会变形。

首先，计算机推板要有基本纸样（中间标准纸样），通常有两种方式：①制板师把手工绘制好的基本纸样通过大幅面的数字化仪，用 16 键的定位鼠标采用系统约定的方式输入计算机中，建立起用点、线等图形元素描述的纸样数字化模型；②通过计算机辅助纸样设计模块按要求设计出所需的基础纸样。

其次，利用国家标准建立的或订单上提供的规格尺寸表，通过表格尺寸编辑、公式处理、切开线等方式，建立起纸样上各放码点的推板规格。

最后，计算机根据推板规则，在推板软件中进行计算后，得到各放大和缩小规格的纸样。

纸样推板系统的主要功能有以下几种。

一、纸样输入功能

纸样输入功能是通过数字化仪把手工绘制的标准基本纸样按 1∶1 的比例，用 16 键的定位鼠标输入计算机。16 键由 0~9 十个数字键和 A~F 六个字母键组成，这些键的功能根据纸样上的元素信息而定义，如纸样输入的开始和结束、端点、曲线点、记号、布纹符号、文字等，有了这些键的设置，才能使输入计算机中的纸样与基本纸样完全一致。另外，对已输入的纸样还可进行点和线的修改、增删等编辑操作。

二、推板功能

推板功能是计算机辅助推板系统中最主要的功能，推板的方法通常有放码点推板法、切开线法等。

放码点推板法是最典型的一种推板法，在所有的服装 CAD 系统中都有该方法，也是服装企业中最常用的方法。放码点是纸样上的关键点，而这些点的变化直接影响整个纸样的结构。该方法是对放码点逐点给出长度方向和围度方向的推板规则，最终实现各规格的推板。有的推板系统把长度方向的变化作为第一级，围度方向的变化作为第二级，体型的变化作为第三级，从而实现更多规格的推板，所以这种方式又称为多级推板法。

此处继续以第四章第五节的男衬衫为例，在服装 CAD 系统中，使用放码点推板法将本章第二节中制作的三个纸样进行推板。男衬衫纸样上的放码点如图 5-11 所示，推板系统中的男衬衫纸样推板如图 5-12 所示。

1 点：使用 ［x 相等］ 输入 x 方向 0.2；

2 点：使用 ［x 相等］ 输入 x 方向 0.6；

3 点：使用 ［复制放码量］ 复制 2 点放码量到 3 点；

4 点：使用 ［y 相等］ 输入 y 方向 -1；

5 点：使用 ［y 相等］ 输入 y 方向 1；

6 点：使用 ［xy 相等］ 输入 x 方向 1，y 方向 1；

7 点：使用 ［x 相等］ 输入 x 方向 1；

8 点：使用 ［xy 相等］ 输入 x 方向 0.6，y 方向 -1；

9 点：使用 ［y 相等］ 输入 y 方向 -0.8；

10 点：使用 ［xy 相等］ 输入 x 方向 -0.2，y 方向 -1；

11 点：使用 ［xy 相等］ 输入 x 方向 -0.6，y 方向 -1；

12 点：使用 ［x 相等］ 输入 x 方向 -1；

13 点：使用 ［xy 相等］ 输入 x 方向 -1，y 方向 1；

14 点：使用 ［y 相等］ y 方向 1。

图 5-11　男衬衫纸样上的放码点

图 5-12　推板系统中男衬衫纸样推板

三、纸样检查功能

由于计算机上显示的纸样与实际的裁剪纸样在比例上相差很大，对于推板结果的正确性难以直接观察，所以推板系统中检查功能必不可少，大多数 CAD 系统主要包括：

号型检查功能：主要检查各规格间尺寸的变化量，以此检验推板结果的正确性。

比较长度功能：主要检查规格间尺寸的变化差数，以此检查推板后变化差数是否满意，如前、后袖窿与袖山的拼合检查等。

保形检查功能：推板后，尤其是曲线的保形非常重要，因此，该功能可以检查纸样的形状保持相对的结构不变。

自动分号及标注功能：能把推板后得到的多规格重叠纸样自动分开，并及时给每片纸样标注规格尺码。

四、纸样输出功能

推板完成的各规格纸样通过绘图机或打印机按 1∶1 的比例或缩小比例进行绘制，这样能更直观地比较同一规格纸样之间的关系，不同规格同一部位纸样间的档差与实际手工推板后的纸样是否有区别，进而再修改并确认。

像服装纸样系统中的排料等模块，虽然也非常重要，但纸样设计系统和推板系统是起关键作用的，因此，只对这两个系统模块进行了说明。

随着服装工业化生产的规范和发展，服装 CAD 也在规范和完善，也必将带动与之相关的计算机辅助工艺设计（CAPP）、计算机辅助制造（CAM）、柔性制造系统（FMS）等技术的快速发展。

本章思考题

1. 服装 CAD 系统由哪些部分组成？
2. 服装纸样系统由哪些模块组成？
3. 三维服装 CAD 软件中的人体数字化一般有哪几种方法？
4. 计算机辅助纸样设计软件中主要的功能有哪些？
5. 计算机辅助推板系统与传统的手工推板相比，有哪些优势？
6. 你曾使用过哪些服装 CAD 系统？它们的特点如何？

参考文献

［1］张文斌. 服装结构设计：女装篇［M］. 北京：中国纺织出版社，2017.

［2］张文斌. 服装结构设计：男装篇［M］. 北京：中国纺织出版社，2017.

［3］刘瑞璞. 女装纸样设计原理与应用［M］. 北京：中国纺织出版社，2017.

［4］刘瑞璞. 男装纸样设计原理与应用［M］. 北京：中国纺织出版社，2017.

［5］王海亮，周邦桢. 服装制图与推板技术［M］. 3 版. 北京：中国纺织出版社，1999.

［6］魏雪晶，魏丽. 服装结构原理与制板推板技术［M］. 3 版. 北京：中国纺织出版社，2005.

［7］周邦桢. 服装工业制板推板原理与技术［M］. 北京：中国纺织出版社，2004.

［8］丁锡强. 缝型分类及应用［J］. 服装科技，1996（1）：23-26.

［9］郭瑞良，张辉，金宁. 服装 CAD［M］. 上海：上海交通大学出版社，2012.

［10］张玲，张辉，郭瑞良. 服装 CAD 板型设计［M］. 北京：中国纺织出版社，2008.

［11］潘波. 外贸订单裤装纸样剖析［J］. 服装科技，1998（1）：45-47.

［12］打版讲座：实用洋裁手册⑩［M］. 台北：双大出版图书公司，1993.

［13］中国国家标准化管理委员会. 服装号型男子：GB/T 1335.1—2008［S］. 北京：中国标准出版社，2009.

［14］中国国家标准化管理委员会. 服装号型女子：GB/T 1335.2—2008［S］. 北京：中国标准出版社，2009.

［15］中国国家标准化管理委员会. 服装号型儿童：GB/T 1335.3—2009［S］. 北京：中国标准出版社，2010.

［16］中国国家标准化管理委员会. 服装号型：GB/T 1335—1997［S］. 北京：中国标准出版社，1998.

［17］中国国家标准化管理委员会. 服装号型男子：GB 1355.1—1991［S］. 北京：中国标准出版社，1992.

［18］中国国家标准化管理委员会. 服装号型女子：GB 1355.2—1991［S］. 北京：中国标准出版社，1992.

［19］中国国家标准化管理委员会. 服装号型系列：GB 1335—1981［S］. 北京：中国标准出版社，1982.

［20］全国纺织品标准化技术委员会毛纺织品分技术委员会. 毛织物尺寸变化的测定

静态浸水法：FZ/T 20009—2015 ［S］．北京：中国标准出版社，2016．

［21］全国纺织品标准化技术委员会毛纺织品分技术委员会．毛织物干热熨烫尺寸变化试验方法：FZ/T 20014—2010 ［S］．北京：中国标准出版社，2010．

［22］普赖斯，赞克夫．美国经典服装推板技术［M］．潘波，译．北京：中国纺织出版社，2003．

附录 A　某牛仔裤外贸订单样例

公司名称和地址

COMPANY NAME & ADD.

制造单

PRODUCTION ORDER

制造商	款　式
MANUFACTURER：＿＿＿＿＿＿＿＿＿	STYLE：全棉男装宽松牛仔长裤＿＿＿
客　商	款式号
CUSTOMER：＿＿＿＿＿＿＿＿＿＿	STYLE NO.：523—8650＿＿＿＿＿
数　量	面　料
QUANTITY：47,988 件＿＿＿＿＿＿	FABRIC：全棉 10oz（284g/m²）牛仔布＿

合同号　　　　　　　　　制造单号　　　　　　　　　交货日期

CONTRACT NO.＿＿＿＿：LOT NO：＿＿＿＿　P. O. NO：＿＿＿＿　DELIVERY：＿＿＿＿

制造工艺

CONSTRUCTION：

前　片

FRONT：左、右各有三个活褶（倒向侧缝），褶绲长 1 英寸，左、右各有一个侧缝直插袋，绲双线，袋口套结加固；前中门襟绲一根 4YG 拉链，绲双线，门襟尾打两个套结加固

后　片

BACK：后片左、右各一个省，左后片有一个单嵌线口袋，绲双线，袋口套结加固，右后片有一个三尖袋盖，单嵌线绲边线，袋盖绲双线，锁一个圆头扣眼，袋口套结，右后袋上绲一个主唛

腰　头

WAISTBAND：宽 1.5 英寸，环腰口绲边线，左搭右，左锁一个圆头扣眼，右钉一扣，八个 1/2×2 英寸串带襻（四前四后），串带襻上、下套结，右前片靠近门襟的串带襻上绲一只 1/2 英寸宽的串带襻唛头

后　裆（BACK RISE）：左压右五线包缝，绲双线

侧　缝（SIDE SEAM）：后压前五线包缝，绲双线；前裆包缝并绲双线

续表

内　档（INSEAM）：五线包缝

裤　口（BOTTOM）：环口车缝 1/2 英寸

熨　烫 IRONING：按西裤熨烫法处理	水　洗 WASHING：	INDIGO 色 蓝牛石洗	BLEACHED 色 蓝牛漂洗	WHITE 色 白牛普洗

打　结
BAR TACKS：袋口、档底及串带襻

针　数
STITCHES PER INCH：每英寸 8~9 针

其　他
OTHERS：水洗必须按照客户提供的水洗样品进行

备注
REMARKS：

①底线、面线及套结用 P. P. 604 缝线、锁边用 P. P. 603（所有线由工厂提供，除锁眼线），线色分配如下：

INDIGO（蓝牛石洗）缉深蓝色线

BLEACHED（蓝牛漂洗）缉浅蓝色线

WHITE（白牛普洗）缉配色线

②拉链颜色分配如下：

INDIGO（蓝牛石洗）用 YKK560 深蓝色

BLEACHED（蓝牛漂洗）用 YKK546 浅蓝色

WHITE（白牛普洗）YKK501 白色

示意图
SKETCH：

全棉男装宽松牛仔长裤结构示意图

规格比例

SIZE RATIO：	SIZE	28	29	30	31	32	33	34	36	38			
内裆长 INSEAM												条	
	30″ —	0	0	1	0	2	0	1	1	0	=	5	PCS
	32″ —	1	1	1	1	2	1	1	1	1	=	10	PCS
	34″ —	0	0	1	0	1	0	1	0	0	=	3	PCS
		1	1	3	1	5	1	3	2	1	=	18	PCS

规格/颜色分配

SIZE/COLOR BREAKDOWN：

颜色 COLOR	标号 LINE	内裆长/规格 INSEAM/SIZE	28	29	30	31	32	33	34	36	38		总计 TOTAL
INDIGO	2505	30″	—	—	1333	—	2666	—	1333	1333	—	=	6665
		32″	1333	1333	1333	1333	2666	1333	1333	1333	1333	=	13330
		34″	—	—	1333	—	1333	—	1333	—	—	=	3999
													23994 PCS
BLEACHED	2307	30″	—	—	933	—	1866	—	933	933	—	=	4665
		32″	933	933	933	933	1866	933	933	933	933	=	9330
		34″	—	—	933	—	933	—	933	—	—	=	2799
													16794 PCS
WHITE	8007	30″	—	—	400	—	800	—	400	400	—	=	2000
		32″	400	400	400	400	800	400	400	400	400	=	4000
		34″	—	—	400	—	400	—	400	—	—	=	1200
													7200 PCS

包装法

PACKING：一条裤子入一个胶袋，18 条裤子单色混码，依照以上规格比例放入一个纸
箱。详细包装资料见附页（省略）

箱 唛　　　　　　　　　侧 唛

SHIPPING MARK：　　　SIDE MARK：　　P. O. NO.　　　　　STYLE NO.

　　　　　　　　　　　　　　　　　SIZE　　　　　　　QUANTITY

附页（省略）　　　　　　　　　　COLOR　　　　　　MEASUREMENT

　　　　　　　　　　　　　　　　　G. W.　　　　　　　N. W.

规格尺寸表

STYLE NO. 523—8650 SIZE SPECIFICATION　　　　　　单位：英寸

部　位	规格								
	28	29	30	31	32	33	34	36	38
腰围 WAIST	28	29	30	31	32	33	34	36	38
臀围 HIP/SEAT	$41\frac{1}{2}$	$42\frac{1}{2}$	$43\frac{1}{2}$	$44\frac{1}{2}$	$45\frac{1}{2}$	$46\frac{1}{2}$	$47\frac{1}{2}$	$49\frac{1}{2}$	$51\frac{1}{2}$
横裆 THIGH	27	$27\frac{1}{2}$	28	$28\frac{1}{2}$	29	$29\frac{1}{2}$	30	31	32

续表

部　位	规格								
	28	29	30	31	32	33	34	36	38
中档 KNEE	$21\frac{1}{2}$	$21\frac{3}{4}$	22	$22\frac{1}{4}$	$22\frac{1}{2}$	$22\frac{3}{4}$	23	$23\frac{1}{2}$	24
裤口 BOTTOM	$13\frac{3}{4}$	14	$14\frac{1}{4}$	$14\frac{1}{2}$	$14\frac{3}{4}$	15	$15\frac{1}{4}$	$15\frac{3}{4}$	$16\frac{1}{4}$
前档（浪） FRONT RISE	$11\frac{7}{8}$	12	$12\frac{1}{8}$	$12\frac{1}{4}$	$12\frac{3}{8}$	$12\frac{1}{2}$	$12\frac{5}{8}$	$12\frac{7}{8}$	$13\frac{1}{8}$
后档（浪） BACK RISE	$17\frac{1}{4}$	$17\frac{3}{8}$	$17\frac{1}{2}$	$17\frac{5}{8}$	$17\frac{3}{4}$	$17\frac{7}{8}$	18	$18\frac{1}{4}$	$18\frac{1}{2}$
拉链 ZIPPER	$6\frac{1}{2}$	$6\frac{1}{2}$	$6\frac{1}{2}$	7	7	7	$7\frac{1}{2}$	$7\frac{1}{2}$	$7\frac{1}{2}$
侧袋长 FRONT POCKET OPENING	6	6	6	$6\frac{3}{8}$	$6\frac{3}{8}$	$6\frac{3}{8}$	$6\frac{3}{4}$	$6\frac{3}{4}$	$6\frac{3}{4}$
后袋宽 BACK POCKET OPENING	$5\frac{1}{2}$	$5\frac{1}{2}$	$5\frac{1}{2}$	$5\frac{7}{8}$	$5\frac{7}{8}$	$5\frac{7}{8}$	$6\frac{1}{4}$	$6\frac{1}{4}$	$6\frac{1}{4}$
内档长 INSEAM	— 32 —	— 32 —	30 32 34	— 32 —	30 32 34	— 32 —	30 32 34	30 32 —	— 32 —

备注

REMARKS：

（1）臀围的测量方法：横档线向上直量 3 英寸（7.6cm）；

（2）横档的测量方法：从档底测量；

（3）中档的测量方法：内档长的一半再向上 2 英寸（5.1cm）；

（4）前档（浪）的测量方法：从前档弯点沿弧线一直测量到腰头（含腰头）；

（5）后档（浪）的测量方法：从后档弯点沿弧线一直测量到腰头（含腰头）；

（6）以上表格的尺寸单位是英寸；

（7）制板的缩水率：长度方向 4%，围度方向 2%。

主商标（主唛）、洗水标牌及吊牌位置

（1）主商标车缝在后中腰头的里面，沿四周缉缝。

（2）洗水标牌吊缉在主商标的腰头下，位于主商标的中位。

（3）用65mm胶钉把广告吊牌、洗水标牌和价格标牌钉在一起，串在腰头左外侧缝上。注意：价格标牌放在最上面，其次是洗水标牌，最下面是广告吊牌。

（4）腰牌在后右腰头套结加固。

（5）后腰口的商标在距离右后裤片的省及袋止口边各1/4英寸（0.64cm）。

附录 B　关于某牛仔裤封样品的确认意见

（1）此"全棉男装宽松牛仔长裤"封样品在规格尺寸上不太理想，详细要求请参阅规格尺寸对照表。主要不理想的尺寸有：前、后裆（浪）尺寸超公差，在1英寸左右，内裆长超长2英寸，拉链规格偏短1/2英寸。此确认规格为34/32，即34规格的32内裆长，其他规格不知怎样，总之，切切注意，请正确核对纸样，查清问题。

（2）前片的褶位应该缉缝1英寸，而确认样品褶位缉线偏长1/4英寸，大货生产必须统一。

（3）后一字袋，袋口成喇叭形，而且车缝的止口间距不匀等。

（4）车缝线不符合规格，锁（拷）边线稀疏不匀，车缝针脚过密，门襟止口反吐，大货生产时应注意。

（5）圆头扣眼开口不整齐，腰头上使用的纽扣不对，定位偏里。

（6）里袋的车缝线底线应改用双线，使牢度大些。

（7）水洗颜色不好，大货水洗颜色请参照客户提供的水洗样品进行。

（8）此订单在面、辅料到齐后，重新缝制样品，并交我公司再次确认。

（9）商标及其他唛头和串带襻尺寸还未正式确定，在大货裁剪之前我公司会及时提供。

附录 B 表-1　34/32 规格封样品的规格尺寸对照表　　单位：英寸

部位	订单规格	封样品规格	误差
腰围	34	34	$\checkmark$
臀围	$47\frac{1}{2}$	$47\frac{1}{2}$	$\checkmark$
横裆	30	$30\frac{1}{2}$	$+\frac{1}{2}$
中裆	23	$23\frac{1}{2}$	$+\frac{1}{2}$
裤口	$15\frac{1}{4}$	$15\frac{1}{4}$	$\checkmark$
前裆（浪）	$12\frac{5}{8}$	$13\frac{1}{2}$	$+\frac{7}{8}$

部位	订单规格	封样品规格	误差
后档（浪）	18	19	+1
拉链	$7\frac{1}{2}$	7	$-\frac{1}{2}$
侧袋长	$6\frac{3}{4}$	$6\frac{3}{4}$	√
后袋宽	$6\frac{1}{4}$	$6\frac{1}{4}$	√
内档长	32	34	+2

附录 C 人体各部位的测量

附录 C 表-1 人体各部位的测量方法

序号	部位	被测者姿势	测量方法	备 注
1	身高	赤足取放松立姿	用测高仪测量从头顶至地面的垂距	同 GB/T 16160—2008 第 2.2.1 条
2	颈椎点高	赤足取放松立姿	用测高仪测量从第七颈椎点至地面的垂距	同 GB/T 16160—2008 第 A.1.2.2 条
3	坐姿颈椎点高	取放松坐姿	用测高仪测量从第七颈椎点至凳面的垂距	同 GB/T 16160—2008 第 2.2.8 条
4	全臂长	取放松立姿	用圆杆直脚规测量从肩峰点至尺骨茎突点的直线距离	同 GB/T 16160—2008 第 A.1.2.3 条
5	腰围高	赤足取放松立姿	用测高仪测量从腰围点至地面的垂距	同 GB/T 16160—2008 第 2.2.3 条
6	胸围	取正常呼吸立姿	用软尺测量经乳头点的水平围长	同 GB/T 16160—2008 第 2.1.7 条
7	颈围	取正常呼吸立姿	用软尺测量经第七颈椎点处的颈部水平围长	同 GB/T 16160—2008 第 2.1.2 条
8	总肩宽	取放松立姿	用软尺测量左、右肩峰点间的水平弧长	同 GB/T 16160—2008 第 2.1.5 条
9	腰围	取正常呼吸、腹部放松立姿	用软尺测量胯骨上端与肋骨下缘之间自然腰际线的水平围长	同 GB/T 16160—2008 第 2.1.10 条
10	臀围	取放松立姿	用软尺测量臀部最丰满处的水平围长	同 GB/T 16160—2008 第 2.1.11 条

附录 C 图-1　人体各部位测量示意图

1—身高　2—颈椎点高　3—坐姿颈椎点高　4—全臂长　5—腰围高　6—胸围

7—颈围　8—总肩宽　9—腰围　10—臀围

附录 D 男西服 A 型规格表

附录 D 表-1 5·4 系列男西服上装 A 型规格　　　　　单位：cm

型		72	76	80	84	88	92	96	100	104
部位		成品规格								
胸围		90	94	98	102	106	110	114	118	122
总肩宽		39.8	41	42.2	43.4	44.6	45.8	47.0	48.2	49.4
155	后衣长		66	66	66	66				
	袖长		54.5	54.5	54.5	54.5				
160	后衣长	68	68	68	68	68	68			
	袖长	56	56	56	56	56	56			
165	后衣长	70	70	70	70	70	70	70		
	袖长	57.5	57.5	57.5	57.5	57.5	57.5	57.5		
170	后衣长		72	72	72	72	72	72	72	
	袖长		59	59	59	59	59	59	59	
175	后衣长			74	74	74	74	74	74	74
	袖长			60.5	60.5	60.5	60.5	60.5	60.5	60.5
180	后衣长				76	76	76	76	76	76
	袖长				62	62	62	62	62	62
185	后衣长					78	78	78	78	78
	袖长					63.5	63.5	63.5	63.5	63.5
190	后衣长						80	80	80	80
	袖长						65	65	65	65

附录 D 表-2　5·4系列男西服下装 A 型规格　　　　　　单位：cm

部位 / 型	腰围	臀围	155	160	165	170	175	180	185	190
						裤长（成品规格）				
72	56	85.6								
72	58	87.2		96.5	99.5					
72	60	88.8								
76	60	88.8								
76	62	90.4	93.5	96.5	99.5	102.5				
76	64	92.0								
80	64	92.0								
80	66	93.6	93.5	96.5	99.5	102.5	105.5			
80	68	95.2								
84	68	95.2								
84	70	96.8	93.5	96.5	99.5	102.5	105.5	108.5		
84	72	98.4								
88	72	98.4								
88	74	100	93.5	96.5	99.5	102.5	105.5	108.5	111.5	
88	76	101.6								
92	76	101.6								
92	78	103.2		96.5	99.5	102.5	105.5	108.5	111.5	114.5
92	80	104.8								
96	80	104.8								
96	82	106.4			99.5	102.5	105.5	108.5	111.5	114.5
96	84	108.0								
100	84	108.0								
100	86	109.6				102.5	105.5	108.5	111.5	114.5
100	88	111.2								
104	88	111.2								
104	90	112.8					105.5	108.5	111.5	114.5
104	92	114.4								

附录 E 女上装原型 5·3 系列的推板

附录 E 表-1 女上装原型尺寸

单位：cm

部位	规格	档差
胸围	94（净胸围＝84）	3
背长	38	1
腰围	70（净腰围＝64）	3
袖长	54	1.5

注 依据人体的结构特点，身高每增加 5cm，背长的变化为 1.1～1.3cm，文中只为说明问题而采用背长档差为 1cm。

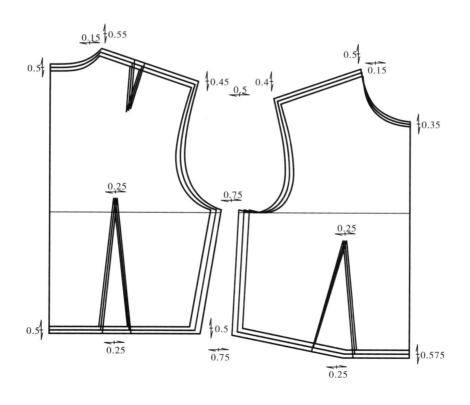

附录 E 图-1 女上装原型推板

附录 E 图-2　女原型袖肥变化分析

附录 E 图-3　女原型袖推板

附录 F 企业中一些常见推板问题分析

一、同一体型 5·4 系列与 5·3 系列的比较

在推板实践中，常常遇到这样的情况，经过推板的纸样（尤其是推放两个规格以上）在裁剪、缝制成服装后，发现 A 体型的人在穿着该服装时产生不少问题（用中间规格纸样，经裁剪、缝制成的服装在穿着时没有任何问题），而换一体型，如 B 体型的人，穿着时也会出现很多问题，也就是说，该服装既不适合 A 体型人穿，又不适合 B 体型人穿。那么，造成这种尴尬的问题出现在哪个环节呢？可以肯定地说，它是因为在推板过程中进行各部位数据分析时出现了偏差。在 5·4 系列推板时尤其明显，如果数据处理稍有偏差，很难做到服装的结构保持一致。在此利用表 4-14 与第四章第八节思考题 7 中的数据进行分析比较。

5·4 系列推板数据分析：

中间规格的袖窿宽深比：$14/20 = 0.7$。

放大规格的袖窿宽深比：$(14+0.8) / (20+0.65) = 0.717$。

缩小规格的袖窿宽深比：$(14-0.8) / (20-0.65) = 0.682$。

5·3 系列推板数据分析：

中间规格的袖窿宽深比：$14/20 = 0.7$。

放大规格的袖窿宽深比：$(14+0.5) / (20+0.65) = 0.702$。

缩小规格的袖窿宽深比：$(14-0.5) / (20-0.65) = 0.698$。

通过上面 5·4 系列和 5·3 系列袖窿宽深比数据的比较可知，5·4 系列在推板时服装的结构容易发生改变，而 5·3 系列则相对稳定些。所以，采用 5·4 系列推板，只要数据分析稍有偏差（如胸宽和背宽的变化量与肩点的变化量一致，即 0.5cm），其结果就是，A 体型的人穿着时会感觉胸宽和背宽的尺寸不够；而 B 体型的人穿着时，可能胸宽和背宽合适，但肩宽又偏大等一些问题。因此，目前一些企业通常仍然在合体的女装、男装中选用 5·3 系列来作为服装规格的制订依据，用一句话概括：在推板时 5·3 系列的保形性比 5·4 系列好。

另外，在男子 5·4 系列中，肩宽的档差是 1.2cm，那么肩宽一半的变化量就是 0.6cm，根据以上分析，背宽和胸宽的变化量均约 0.7cm，这样袖窿宽的变化量就是 0.6cm，从人体的身体特征看，这组数据的变化比较合理，同时也能保证体型的相对稳定。

为了保证在推板时纸样的结构合理和"形"的相对一致，袖窿深的平均变化量采用 0.7cm，袖山高的变化量为 0.5cm，袖肥变化量为 0.8cm，具体计算过程参见第四章第九节"男西服"中的推板分析。总之，男子 5·4 系列比女子 5·4 系列在推板时容易保证服装"形"的相对一致。

二、5·3 系列不同体型之间推板数据的分析和处理

有时推板后，经裁剪、缝制的服装，可能 A 体型的人穿着不合适，B 体型的人穿着也不合适，那么，A 体型和 B 体型之间有何区别？能否从 A 体型的纸样推放出 B 体型的纸样？

以肩宽为例，对于 A 体型，当胸围从 84cm 增到 87cm 时，根据国家标准，肩宽变化 0.75cm；而当胸围不变，体型从 A 到 B 时，肩宽反而变小 0.55cm，所以当胸围从 84cm 增到 87cm，体型从 A 到 B 时，肩宽变化了 0.2cm，示意如下。

$$84(A) \xrightarrow[+0.2]{+0.75} 87(A)$$
$$\downarrow -0.55$$
$$87(B)$$

再以颈围为例，对于 A 体型，当胸围从 84cm 增到 87cm 时，根据国家标准，颈围变化 0.6cm；而当胸围不变，体型从 A 到 B 时，颈围又增大 0.2cm，所以当胸围从 84cm 增到 87cm，体型从 A 到 B 时，颈围共计变化 0.8cm，示意如下。

$$84(A) \xrightarrow[+0.8]{+0.6} 87(A)$$
$$\downarrow +0.2$$
$$87(B)$$

在因胸围发生变化导致体型发生变化的情况中，对于像颈侧点到胸点的距离、两胸点间的大小等这些部位的尺寸，我国的服装国家标准没有涉及，这只能期待在今后的标准制订中进行进一步完善，因为这些数据对服装推板有着非常重要的指导意义。

当胸围的档差采用 3cm，体型发生变化（A 体型到 B 体型）时，袖窿相关部位的变化数值见附录 F 表-1。

附录 F 表-1　袖窿相关部位的变化

单位：cm

袖窿深的变化量	胸围档差（3cm）	肩点的变化量	背宽的变化量	袖窿宽的变化量	胸宽的变化量
0.65	A→A	0.4	0.5	0.5	0.5
0.35	A→B	0.1	0.2	1.1	0.2
0.6	B→B	0.4	0.45	0.6	0.45

表中第二行数据是同体型（A 体型）不同胸围（3cm 变化）时，各部位的相应变化

量；第三行数据是不同体型（从 A 体型到 B 体型）不同胸围（3cm 变化）时，结合 1991 年国家标准，各部位的相应变化量，以图 4-117 中的袖窿宽和深的数据为例，计算推板后 B 体型的比值：（14+1.1）／（20+0.35）= 0.742。其他不同规格的胸围，计算得到的比值如附录 F 表-2，其中 96 规格对应的净胸围是 84cm，93 规格对应的净胸围是 81cm，99 规格对应的净胸围是 87cm，102 规格对应的净胸围是 90cm。

附录 F 表-2　不同胸围袖窿宽深比值

规格（cm）	A 体型			B 体型		
	袖窿宽（cm）	袖窿深（cm）	比值	袖窿宽（cm）	袖窿深（cm）	比值
93	13.5	19.35	0.698	13.9	19.15	0.726
96	14.0	20.0	0.700	14.5	19.75	0.734
99	14.5	20.65	0.702	15.1	20.35	0.742
102	15.0	21.3	0.704	15.7	20.95	0.749

注　附录 F 图-1 中袖山高的变化量为-0.2cm，袖肥的变化量为 1cm。

附录 F 图-1　不同体型推板时部分前、后片和袖子纸样关键点变化量

从附录 F 表-2 中可以看出同一规格不同体型之间的区别，B 体型的比值明显比 A 体型大；不同规格同一体型在推板时略有变化，即放大和缩小规格有向另一体型缓慢过渡的趋势；不同规格不同体型的变化如附录 F 图-1 所示。该图是 1992 年国家标准中 5·3 系列以 84A 体型为基础放大到 87B 体型和缩小到 81Y 体型部分前、后片和关键点的变化量。如果要缩小到 84B 体型的纸样，应以 87B 体型为基础纸样。强烈建议：最好不要做不同体型的推板工作。

三、身高不变胸围变化 3cm 时，推板数据的分析和处理

在实际工作中，有时会遇到服装的长度不需要变化，而只是围度需要发生变化，这种情况总的来说使推板确实简单了，但千万不要以偏概全地认为凡与长度方向有关的数据都为 "0"。下面以图 4-116 款为例，经过修改的部分服装尺寸见附录 F 表-3，其中为了说明问题长度只取到背长尺寸。

附录 F 表-3　仅围度发生变化的女装规格尺寸　　　　　　　　　单位：cm

部位	规格			档差
	S	M	L	
领大	35.4	36	36.6	0.6
肩宽	39.9	40.5	41.1	0.6
胸围	93	96	99	3.0
腰围	77	80	83	3.0
背长	38	38	38	0
袖长	56	56	56	0

附录 F 表-4 是根据英国 Patrick J. Taylor 和 Martin M. Shoben 所著的 *Grading for the Fashion Industy*（*the theory and practice*）中相关的数据计算而得的，这些涉及合体女装推板部位的测量方法如附录 F 图-2 所示。附录 F 表-4 中列出了仅胸围变化 3cm，或仅身高变化 5cm 时，各主要部位的相应变化数以及当身高和胸围都变化时人体总的变化量。表中的总计与 5·3 系列纸样推板时采用的数据基本一致，只是袖长的变化稍有区别。

附录 F 表-4　女子主要部位的变化　　　　　　　　　单位：cm

序号	Area	部位	胸围变化 3cm	身高变化 5cm	总计
1	X-chest	胸宽	0.6	0.4	1.0
2	X-back	背宽	0.6	0.4	1.0
3	Scye width	袖窿宽	0.5	—	0.5
4	Bust width	胸点间距	0.7	—	0.7
5	Scye depth	颈椎点到袖窿深线	0.3	0.2	0.5
6	S. N. P. to bust	颈侧点到胸点	0.7	0.1	0.8
7	S. N. P. to waist over bust	颈侧点经胸点到腰线（前腰节长）	0.2	1.2	1.4

续表

序号	Area	部位	胸围变化3cm	身高变化5cm	总计
8	Shoulder length	肩长	0.1	0.2	0.3
9	Nape to waist centre back	背长	—	1.2	1.2
10	Sleeve length（outer）	后袖缝（外袖缝）	—	1.8	1.8
11	Sleeve length（inner）	前袖缝（内袖缝）	-0.2	1.6	1.4
12	Bicep	袖窿	1.1	—	1.1

另外，从表中发现，人体的背长和后袖缝不受围度的变化影响；受胸围变化影响最大的是肩点到腋下点一圈的围度尺寸（袖窿尺寸）。

附录 F 图-2　各部位测量示意

下面讨论仅胸围变化3cm时，纸样的数据分配和处理。

附录 F 表-4 中的胸宽、背宽和袖窿宽的变化尺寸是当胸围变化3cm时，人体的实际净变化量。考虑到服装与人体的配比情况，在纸样中，结合肩宽和肩长的变化，前片纸样的胸宽应变化0.4cm，后片纸样的背宽应变化0.4cm，袖窿宽的变化量就等于0.7cm（胸围档差的一半1.5cm-胸宽和背宽的变化量0.8cm）。

由于人体袖窿深的实际变化量是0.3cm，考虑服装的袖窿底与人体腋下点的松量情况，纸样中袖窿深的变化量可以采用0.5cm。以图 4-116 款为例，放大一号的袖窿宽深比：（14+ 0.7）/（20+0.5）= 0.717，再大一号的宽深比：（14+ 0.7+0.7）/（20+0.5+0.5）= 0.733。从这两个数值可以知道，虽然只有胸围发生变化，但是服装的结构仍然发生了较大的变化，所谓的"服装结构一致"也只能是相对的。

各主要放码点的变化量如附录 F 图-3 所示，由于仅围度改变3cm，肩长的变化量很小（0.1cm），而且肩斜角的变化量又不大，所以图中肩点 C、颈侧点 B 和后领窝点 A 在长度方向的变化量可以采用相同的数据。根据附录F表-3，背长不变，而胸围以上已变化了0.5cm，所以后片腰线上的F点和G点只能变化-0.5cm（以胸围线作为长度方向基准线）。

附录F表-4中颈侧点到胸点的尺寸是0.7cm，由于颈侧点在长度方向变化0.5cm，所以，前片省尖点在长度方向变化0.2cm（以胸围线作为长度方向基准线）；附录F表-4中胸点间距等于0.75cm，所以，省尖点在围度方向变化0.35cm（以前中线作为围度方向基准线）。

附录F表-4中颈侧点经胸点到腰线（前腰节长）的变化量等于0.2cm，由于颈侧点已变化了0.5cm，所以前片腰线上的F′点在长度方向变化-0.3cm。如果腋下省的大小不变，则前片腰线上的G′点在长度方向变化-0.5cm；如果每放大（或缩小）一个规格，腋下省变大（或变小）0.2cm，则前片腰线上的G′点在长度方向就变化-0.3cm。

根据附录F表-4，仅胸围变化3cm，后袖缝长不变，前袖缝长变短0.2cm，即袖山高变化0.2cm，附录F图-3中的袖山顶点M点在长度方向变化0.2cm，为使袖山弧长与袖窿的变化相匹配，后袖缝和前袖缝在围度方向就变化0.35cm。

附录F图-3　仅胸围变化3cm，部分纸样主要放码点的变化量

思考题

1. 如何理解在推板时 5·3 系列的保形性比 5·4 系列好？
2. 如何理解在推板中，同为 5·4 系列，男子纸样的保形性比女子纸样的好？
3. 结合附录 F 表-4，如果仅身高发生变化，纸样中各点如何变化？

附录 G 第四章第八节思考题 7 的推板数据

附录 G 图-1 前、后片纸样主要放码点的变化量

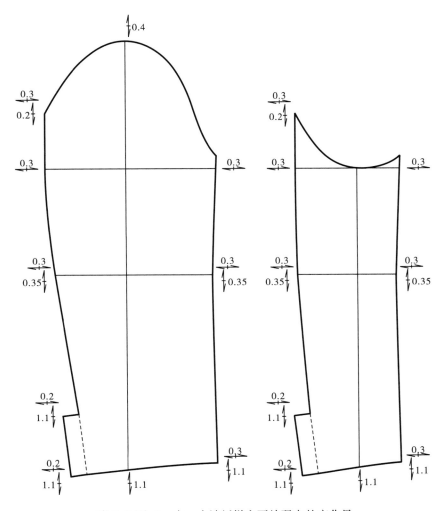

附录 G 图-2 大、小袖纸样主要放码点的变化量

附录 H　平领的工业制板

一、平领规格

平领的中间规格尺寸为：领围 36cm（档差 1cm）；肩宽 39cm。平领的工业制板见附录 H 图-1。

二、基本纸样的绘制

1. 绘制前领宽（领围/5-0.7cm）、前领深（领围/5-0.7cm+1.0cm）。

2. 绘制前肩宽，前落肩 $DF=5.0$cm，AD 是前肩线。

3. 绘制后肩线 AE，其中前、后肩线在肩点处的重叠量是 2.5cm，后落肩 $EG=4.0$cm，绘制后肩宽，计算出后领宽（领围/5-0.7cm）、后领深［（领围/5-0.7cm）/3cm］。

4. BC 是领子的后中宽，画出领外口弧线，完成中间规格纸样。

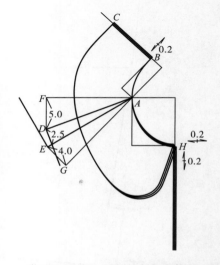

附录 H 图-1　平领的制板和推板

三、推板

以颈侧点 A 为推板基准点。

1. 根据领围档差，计算出前领宽的变化量是 0.2cm，前领深的变化量也是 0.2cm，即 H 点在长度方向变化 0.2cm，在围度方向变化 0.2cm。

2. 根据领围档差，计算出后横开领的变化量是 0.2cm，后领深变化（1/5）/3 = 0.067cm，但在制图时可以保持不变，即 B 点在围度方向变化 0.2cm。

3. 利用中间规格纸样，绘制出放大和缩小规格，完成推板。